新编特种作业人员安全技术培训考核统编教材

制冷与空调设备运行操作

主　编　魏长春

中国劳动社会保障出版社

图书在版编目(CIP)数据

制冷与空调设备运行操作/魏长春主编. —北京：中国劳动社会保障出版社，2014

新编特种作业人员安全技术培训考核统编教材

ISBN 978-7-5167-1087-6

Ⅰ.①制… Ⅱ.①魏… Ⅲ.①制冷装置-运行-技术-培训-教材 ②空气调节设备-运行-技术培训-教材 Ⅳ.①TB657②TU831

中国版本图书馆 CIP 数据核字(2014)第 127546 号

中国劳动社会保障出版社出版发行

（北京市惠新东街 1 号 邮政编码：100029）

*

北京金明盛印刷有限公司印刷装订 新华书店经销

880 毫米×1230 毫米 32 开本 6.125 印张 171 千字

2014 年 6 月第 1 版 2014 年 6 月第 1 次印刷

定价：19.00 元

读者服务部电话：（010）64929211/64921644/84643933

发行部电话：（010）64961894

出版社网址：http://www.class.com.cn

版权专有 侵权必究

如有印装差错，请与本社联系调换：（010）80497374

我社将与版权执法机关配合，大力打击盗印、销售和使用盗版图书活动，敬请广大读者协助举报，经查实将给予举报者奖励。

举报电话：（010）64954652

编委会

杨有启　王长忠　魏长春　任彦斌　孙　超　李总根
邢　磊　王琛亮　冯维君　曹希桐　马恩启　徐晓燕
胡　军　周永光　刘喜良　郭金霞　康　枭　马　龙
徐修发　赵烨昕

本书主编： 魏长春
参加编写人员： 孔维军　梁艳辉　徐红升　王万友
张秀芳　陈国强

前言

我国《劳动法》规定："从事特种作业的劳动者必须经过专门培训并取得特种作业资格。"我国《安全生产法》还规定："生产经营单位的特种作业人员必须按照国家有关规定经专门的安全作业培训，取得特种作业操作资格证书，方可上岗操作。"为了进一步落实《劳动法》《安全生产法》的上述规定，配合国家安全生产监督管理总局依法做好特种作业人员的培训考核工作，中国劳动社会保障出版社根据国家安全生产监督管理总局颁布的《安全生产培训管理办法》《关于特种作业人员安全技术培训考核工作的意见》和《特种作业人员安全技术培训考核管理规定》，组织了《特种作业人员安全技术培训大纲和考核标准》起草小组的有关专家，依据《特种作业目录》中的工种组织编写了"新编特种作业人员安全技术培训考核统编教材"。

"新编特种作业人员安全技术培训考核统编教材"共计9大类41个工种教材：1．电工作业类：(1)《高压电工作业》(2)《低压电工作业》(3)《防爆电气作业》；2．焊接与热切割作业类：(4)《熔化焊接与热切割作业》(5)《压力焊作业》(6)《钎焊作业》；3．高处作业类：(7)《登高架设作业》(8)《高处安装、维护、拆除作业》；4．制冷与空调作业类：(9)《制冷与空调设备运行操作》(10)《制冷与空调设备安装修理》；5．金属非金属矿山作业类：(11)《金属非金属矿井通风作业》(12)《尾矿作业》(13)《金属非金属矿山安全检查作业》(14)《金属非金属矿山提升机操作》(15)《金属非金属矿山支柱作业》(16)《金属非金属矿山井下电气作业》(17)《金属非金属矿山排水作业》(18)《金属非金属矿山爆破作业》；6．石油天然气作业类：(19)《司钻作业》；7．冶金生产作业类：(20)《煤气作业》；8．危险化学品作业类：(21)《光气及光气化工艺作业》(22)《氯碱电解工艺作业》(23)《氯化工艺作业》(24)《硝化工艺作业》(25)《合成氨工艺作业》(26)《裂解工艺作业》(27)《氟化工艺作业》(28)《加氢工艺作业》(29)《重氮化工艺作业》

(30)《氧化工艺作业》(31)《过氧化工艺作业》(32)《胺基化工艺作业》(33)《磺化工艺作业》(34)《聚合工艺作业》(35)《烷基化工艺作业》(36)《化工自动化控制仪表作业》; 9. 烟花爆竹作业类：(37)《烟火药制造作业》(38)《黑火药制造作业》(39)《引火线制造作业》(40)《烟花爆竹产品涉药作业》(41)《烟花爆竹储存作业》。本版统编教材具有以下几方面特点：

一、突出科学性、规范性。本版统编教材是根据国家安全生产监督管理总局统一制定的特种作业人员安全技术培训大纲和考核标准，由该培训大纲和考核标准起草小组的有关专家在以往统编教材的基础上，继往开来的最新成果。

二、突出适用性、针对性。专家在编写过程中，根据国家安全生产监督管理总局关于教材建设的相关要求，本着“少而精”“实用、管用”的原则，切合实际地考虑了当前我国接受特种作业安全技术培训的学员特点，以此设置内容。

三、突出实用性、可操作性。根据国家安全生产监督管理总局《特种作业人员安全技术培训考核管理规定》中“特种作业人员应当接受与其所从事的特种作业相应的安全技术理论培训和实际操作培训”的要求，在教材编写中合理安排了理论部分与实际操作训练部分的内容所占比例，充分考虑了相关单位的培训计划和学时安排，以加强实用性。

总之，本版统编教材反映了国家安全生产监督管理总局关于全国特种作业人员安全技术培训考核的最新要求，是全国各有关行业、各类企业准备从事特种作业的劳动者，为提高有关特种作业的知识与技能，提高自身安全素质，取得特种作业人员 IC 卡操作证的最佳培训考核教材。

“新编特种作业人员安全技术培训考核统编教材”编委会

2014 年 3 月

内 容 提 要

本书根据国家安全生产监督管理总局颁布的《制冷与空调设备运行操作作业人员安全技术考核标准》和《制冷与空调设备运行操作作业人员安全技术培训大纲》编写，是制冷与空调设备运行操作作业人员安全技术培训考核用书。

本书系统介绍了制冷与空调设备运行操作安全基础知识和相关安全作业技术，收录了国家和相关监管部门颁布的最新标准与安全法规。全书包括热力学和制冷空调设备基础知识；制冷剂的性质与安全使用；制冷与空调设备运行操作作业安全基础知识；压缩式、吸收式制冷空调设备的运行操作技术和实际操作技能以及制冷与空调设备运行操作过程中突发事故的应急处理等内容。本书可作为制冷与空调设备运行操作人员安全技术培训考核教材，还可作为各企事业单位安全管理干部及相关技术人员的参考用书。

目 录

第一章　制冷与空调设备运行操作安全基本知识

第一节　安全生产法律法规

一、国家标准

制冷与空调设备运行操作作业是指对制冷与空调设备整机、部件及相关系统进行运行操作的作业。2010 年 7 月 1 日开始施行的《特种作业人员安全技术培训考核管理规定》（国家安全监管总局令第 30 号），将制冷与空调设备运行操作作业纳入特种作业范畴，从事该作业的人员必须接受特种作业人员安全技术培训考核。

2011 年 7 月 15 日国家安全生产监督管理总局为严格贯彻落实《特种作业人员安全技术培训考核管理规定》，确保特种作业人员安全技术培训考核工作规范开展，组织编写了制冷与空调设备运行操作作业等 41 个操作项目的《特种作业人员安全技术培训大纲和考核标准（试行）》，其中第九个标准即为《制冷与空调设备安装修理作业人员安全技术培训大纲和考核标准》。该标准规定了制冷与空调设备运行操作作业人员基本条件、安全技术培训（以下简称培训）大纲和安全技术考核（以下简称考核）的要求与具体内容。

该标准中引用了国家安全生产行业标准（如《制冷与空调作业安全技术规范》）中的若干条款，其涉及的安全生产行业标准主要有 GB 9237—2001《制冷和供热用机械制冷系统安全要求》和 GB 50274—2010《制冷设备、空气分离设备安装工程施工及验收规范》等。

1.《制冷与空调设备运行操作作业人员安全技术培训大纲和考核标准》

该标准规定，年满 18 周岁，具备初中或者相当于初中及以上文化程度并具有制冷与空调设备运行操作作业规定的其他条件的从业人员，必须具备必要的安全技术知识与技能；应按照本标准的规定对制冷与空调设备运行操作作业人员进行培训和复审培训；复审培训周期为三年。

该标准要求培训应坚持理论与实践相结合，侧重实际操作技能训练的原则；注意对制冷与空调设备运行操作作业人员进行职业道德、安全法律意识、安全技术知识的教育。制冷与空调设备运行操作作业人员除了必须掌握的制冷与空调设备基础知识和实际操作技能之外，还要熟悉制冷与空调设备运行操作作业安全生产法律法规和制冷与空调设备运行操作安全管理制度。

该标准主要包括以下内容：

（1）了解制冷与空调设备运行操作国家标准，安全生产法规、规章的相关规定。

（2）了解制冷与空调设备运行操作作业安全管理制度。

（3）掌握制冷与空调设备运行操作作业人员安全生产的权利和义务。

（4）掌握劳动保护相关知识。

（5）了解制冷与空调设备运行操作作业人员的职业道德和安全职责。

（6）掌握和制冷与空调设备相关的电气、电气焊、防火、防爆等安全知识。

（7）熟练掌握制冷与空调设备运行操作作业特点、制冷与空调设备运行操作作业场所常见的危险及职业危害因素。

该标准还对安全技术基础知识、安全操作实际技能、考核办法和考核复审做出了相关的具体规定。

2.《制冷与空调作业安全技术规范》

《制冷与空调作业安全技术规范》作为中华人民共和国安全生产行业标准，由国家安全生产监督管理总局发布。该标准规定了有关制冷与空调系统的设计、安装、调试、操作、维护、检修等作业中的有关安全技术要求。主要内容有：

（1）对制冷剂、压力钢瓶、制冷系统的安全装置、作业环境、标志标识做出了一般性要求；此外还对制冷剂充注、作业环境的安全设置、防护用具的放置、钢瓶使用的安全标准做出了严格要求。

（2）对制冷与空调设备安装调试的安全标准做出了具体的规定；对制冷与空调设备运行检修中的安全操作做出了具体的规定。

（3）该标准对制冷与空调设备的安全管理做出了一些规定，例如，制冷与空调设备运行操作作业单位主要负责人、安全管理人员、操作人员应经过专门的安全培训、考核，持证上岗；制冷与空调设备运行操作作业单位应制定操作规程和岗位责任制度；建立制冷与空调系统的安全技术档案并永久保存。

（4）规定了制冷与空调设备运行操作作业单位应建立的安全管理制度，例如制冷与空调设备运行操作作业安全操作规程、巡回检查制度、作业人员安全教育与培训制度、制冷与空调设备运行操作作业事故应急预案制度等。

3.《制冷和供热用机械制冷系统安全要求》

本标准由国家质量技术监督局发布。本标准在分析了制冷系统存在的危险性基础上制定了强制性的安全标准要求和一般推荐性的安全要求；规定了与制冷系统的设计、制造、安装和运行有关的人身和财产安全要求。

（1）对标准所采用的术语及其含义进行了定义。

（2）必须对制冷设备和制冷系统进行压力试验和密封性试验，以保证设备的安全性。

（3）对制冷管道的现场安装做出了相关的预防性安全措施。

（4）对制冷设备机房的安全设施做出了具体规定。

（5）安全使用制冷剂和载冷剂，设备和管道布置应便于维修，应有充分的措施保证人员能够脱离发生的意外风险。

（6）标准对操作维修人员的技能培训和安全措施做出了具体规定，例如制冷剂充装、设备的维护保养、修理时使用电弧焊和火焰设备的安全规定等。

4.《制冷设备、空气分离设备安装工程施工及验收规范》

本标准由住房和城乡建设部发布，标准中许多条款为强制性条文，必须严格执行。本标准在总则中明确指出，为确保制冷设备和空气分离设备安装工程的质量和安全运行，促进安装技术的进步，制定本规范。

(1) 对整体出厂的制冷设备以及附属设备的现场安装调试规定了安全操作的技术要求。

(2) 对活塞式制冷压缩机组、螺旋式制冷压缩机组、离心式制冷机组和溴化锂吸收式制冷机组以及相关的辅助设施的安装调试做出了具体的技术规定。

(3) 对分馏塔、低温液体泵等一些成套空分制冷设备的试运转以及安装调试提出了一些技术规定和安全要求。

以上所述各类国家标准为制冷与空调设备运行操作作业提供了技术规范，从业人员必须遵守其安全规定。

二、法律法规

制冷与空调设备运行操作作业是一个应用范围较为广泛的通用型技术行业，也是一个事关人身和财产安全的特种行业，知法、懂法、守法是该行业从业人员的基本要求。

1.《中华人民共和国安全生产法》

安全生产工作的目的，一方面是保障人民群众生命财产安全，另一方面是保护从业人员的健康，促进社会和谐发展。《中华人民共和国安全生产法》规定：

安全生产工作坚持安全第一、预防为主、综合治理的方针，强化和落实生产经营单位的主体责任，建立生产经营单位负责、政府监管、行业自律、群众参与和社会监督的机制。生产经营单位必须遵守本法和其他有关安全生产的法律、法规，加强安全生产管理，建立、健全安全生产责任制度，完善安全生产条件，确保安全生产。

生产经营单位应当具备本法和有关法律、行政法规和国家标准或者行业标准规定的安全生产条件；不具备安全生产条件的，不得从事生产经营活动。

生产经营单位的主要负责人和安全生产管理人员必须具备与本单位所从事的生产经营活动相应的安全生产知识和管理能力。

生产经营单位应当对从业人员进行安全生产教育和培训，保证从业人员具备必要的安全生产知识，熟悉有关的安全生产规章制度和安全操作规程，掌握本岗位的安全操作技能。未经安全生产教育和培训合格的从业人员，不得上岗作业。

生产经营单位采用新工艺、新技术、新材料或者使用新设备，必须了解、掌握其安全技术特性，采取有效的安全防护措施，并对从业人员进行专门的安全生产教育和培训。

生产经营单位的特种作业人员必须按照国家有关规定经专门的安全作业培训，取得特种作业操作资格证书，方可上岗作业。

生产经营单位应当在有较大危险因素的生产经营场所和有关设施、设备上，设置明显的安全警示标志。

安全设备的设计、制造、安装、使用、检测、维修、改造和报废，应当符合国家标准或者行业标准。

生产经营单位必须对安全设备进行经常性维护、保养，并定期检测，保证设备正常运转。维护、保养、检测应当做好记录，并由有关人员签字。

生产经营单位使用的涉及生命安全、危险性较大的特种设备，以及危险物品的容器、运输工具，必须按照国家有关规定，由专业生产单位生产，并经有专业资质的检测、检验机构检测、检验合格，取得安全使用证或者安全标志，方可投入使用。检测、检验机构对检测、检验结果负责。

从业人员在作业过程中，应当严格遵守本单位的安全生产规章制度和操作规程，服从管理，正确佩戴和使用劳动防护用品。

从业人员应当接受安全生产教育和培训，掌握本职工作所需的安全生产知识，提高安全生产技能，增强事故预防和应急处理能力。

从业人员发现事故隐患或者其他不安全因素，应当立即向现场安全生产管理人员或者本单位负责人报告；接到报告的人员应当及时予以处理。

2.《特种设备安全监察条例》

《特种设备安全监察条例》是第一部关于我国特种设备安全监督管理的专门法规。这部条例规定了特种设备设计、制造、安装、改造、维修、使用、检验、检测全过程安全监察的基本制度。《特种设备安全监察条例》由2003年2月19日国务院第68次常务会议通过，2003年

6月1日开始实施，并在2009年1月进行了修订，修订后的条例于当年5月1日开始实施，共八章一百零三条。该条例制定的目的是加强特种设备的安全监察，防止和减少事故，保障人民群众的生命和财产安全，促进经济发展。条例规定：

特种设备作业人员，应当按照国家有关规定经特种设备安全监督管理部门考核合格，取得国家统一格式的特种作业人员证书，方可从事相应的作业或者管理工作。特种设备使用单位应当对特种设备作业人员进行特种设备安全、节能教育和培训，保证特种设备作业人员具备必要的特种设备安全、节能知识。特种设备作业人员在作业中应当严格执行特种设备的操作规程和有关的安全规章制度。

特种设备生产、使用单位的主要负责人应当对本单位特种设备的安全和节能全面负责。特种设备的制造、安装、改造单位应当具备下列条件：

（1）有与特种设备制造、安装、改造相适应的专业技术人员和技术工人。

（2）有与特种设备制造、安装、改造相适应的生产条件和检测手段。

（3）有健全的质量管理制度和责任制度。

特种设备安装、改造、维修的施工单位应当在施工前将拟进行的特种设备安装、改造、维修情况书面告知直辖市或者设区的市的特种设备安全监督管理部门，告知后方可施工。

移动式压力容器、气瓶充装单位应当经省、自治区、直辖市的特种设备安全监督管理部门许可，方可从事充装活动。充装单位应当具备下列条件：

（1）有与充装和管理相适应的管理人员和技术人员。

（2）有与充装和管理相适应的充装设备、检测手段、场地厂房、器具、安全设施。

（3）有健全的充装管理制度、责任制度、紧急处理措施。

气瓶充装单位应当向气体使用者提供符合安全技术规范要求的气瓶，对使用者进行气瓶安全使用指导，并按照安全技术规范的要求办理气瓶使用登记，提出气瓶的定期检验要求。

特种设备使用单位，应当严格执行本条例和有关安全生产的法律、行政法规的规定，保证特种设备的安全使用。

特种设备使用单位应当建立特种设备安全技术档案。

特种设备使用单位对在用特种设备应当至少每月进行一次自行检查，并作记录。特种设备使用单位在对在用特种设备进行自行检查和日常维护保养时发现异常情况的，应当及时处理。

特种设备作业人员在作业过程中发现事故隐患或者其他不安全因素，应当立即向现场安全管理人员和单位有关负责人报告。

特种设备生产单位对其生产的特种设备的安全性能负责。

特种设备使用单位应当对在用特种设备的安全附件、安全保护装置、测量调控装置及有关附属仪器仪表进行定期校验、检修，并作记录。

检验检测机构接到定期检验要求后，应当按照安全技术规范的要求及时进行检验。未经定期检验或者检验不合格的特种设备，不得继续使用。

特种设备出现故障或者发生异常情况，使用单位应当对其进行全面检查，消除事故隐患后，方可重新投入使用。

特种设备存在严重事故隐患，无改造、维修价值，或者超过安全技术规范规定使用年限，特种设备使用单位应当及时予以报废，并应当向原登记的特种设备安全监督管理部门办理注销。

特种设备使用单位应当制定特种设备的事故应急措施和救援预案。

该条例还对特种设备使用单位违反该条例的情形做出了相关的处罚规定，例如第七十七条规定，特种设备使用单位有下列情形之一的，由特种设备安全监督管理部门责令限期改正；逾期未改正的，责令停止使用或者停产停业整顿，处 2 千元以上 2 万元以下罚款：

1）未依照本条例规定设置特种设备安全管理机构或者配备专职、兼职的安全管理人员的。

2）从事特种设备作业的人员，未取得相应特种作业人员证书上岗作业的。

3）未对特种设备作业人员进行特种设备安全教育和培训的。

条例也对特种设备作业人员违反条例的情况做出了规定：特种设备作业人员违反特种设备的操作规程和有关的安全规章制度操作，或者在作业过程中发现事故隐患或者其他不安全因素，未立即向现场安全管理人员和单位有关负责人报告的，由特种设备使用单位给予批评教育、处分；触犯刑法的，依照刑法关于重大责任事故罪或者其他罪的规定，依法追究刑事责任。

3.《危险化学品安全管理条例》

《危险化学品安全管理条例》于2011年2月16日国务院第144次常务会议修订通过，修订后的《危险化学品安全管理条例》，自2011年12月1日起施行，共八章102条。该条例对生产、经营、储存、运输、使用危险化学品和处置废弃危险化学品等做出了法律规定，规定如下：

危险化学品安全管理，应当坚持安全第一、预防为主、综合治理的方针，强化和落实企业的主体责任。

生产、储存、使用、经营、运输危险化学品的单位（以下简称危险化学品单位）的主要负责人对本单位的危险化学品安全管理工作全面负责。

危险化学品单位应当具备法律、行政法规规定和国家标准、行业标准要求的安全条件，建立、健全安全管理规章制度和岗位安全责任制度，对从业人员进行安全教育、法制教育和岗位技术培训。从业人员应当接受教育和培训，考核合格后上岗作业；对有资格要求的岗位，应当配备依法取得相应资格的人员。

生产、储存危险化学品的单位，应当对其铺设的危险化学品管道设置明显标志，并对危险化学品管道定期检查、检测。

进行可能危及危险化学品管道安全的施工作业，施工单位应当在开工的7日前书面通知管道所属单位，并与管道所属单位共同制定应急预案，采取相应的安全防护措施。管道所属单位应当指派专门人员到现场进行管道安全保护指导。

使用危险化学品的单位，其使用条件（包括工艺）应当符合法律、行政法规的规定和国家标准、行业标准的要求，并根据所使用的危险化学品的种类、危险特性以及使用量和使用方式，建立、健全使用危险化学品的安全管理规章制度和安全操作规程，保证危险化学品的安全使用。

危险化学品的装卸作业应当遵守安全作业标准、规程和制度，并在装卸管理人员的现场指挥或者监控下进行。

4.《气瓶安全监察规定》

《气瓶安全监察规定》是国家质量监督检验检疫总局根据《特种设备安全监察条例》和《危险化学品安全管理条例》的有关要求制定的，共八章五十七条。规定如下：

气瓶应当逐只进行监督检验后方可出厂（出口气瓶按合同或其他有关规定执行）。气瓶出厂时，制造单位应当在产品的明显位置上，以钢印（或者其他固定形式）注明制造单位的制造许可证编号和企业代号标志以及气瓶出厂编号，并向用户逐只出具铭牌式或者其他能固定于气瓶上的产品合格证，按批出具批量检验质量证明书。产品合格证和批量检验质量证明书的内容，应当符合相应的安全技术规范及产品标准的规定。

气瓶充装单位应当向省级质监部门特种设备安全监察机构提出充装许可书面申请。经审查，确认符合条件者，由省级质监部门颁发《气瓶充装许可证》。未取得《气瓶充装许可证》的，不得从事气瓶充装工作。

气瓶充装单位应当保持气瓶充装人员的相对稳定。充装单位负责人和气瓶充装人员应当经地（市）级或者地（市）级以上质监部门考核，取得特种设备作业人员证书。

气瓶充装前和充装后，应当由充装单位持证作业人员逐只对气瓶进行检查，发现超装、错装、泄漏或其他异常现象的，要立即进行妥善处理。

充装时，充装人员应按有关安全技术规范和国家标准规定进行充装。对未列入安全技术规范或国家标准的气体，应当制定企业充装标准，按标准规定的充装系数或充装压力进行充装。禁止对使用过的非重复充装气瓶再次进行充装。

气瓶充装单位应当保证充装的气体质量和充装量符合安全技术规范规定及相关标准的要求。

任何单位和个人不得改装气瓶或将报废气瓶翻新后使用。

气瓶的定期检验周期、报废期限应当符合有关安全技术规范及标准的规定。

运输、储存、销售和使用气瓶的单位，应当制定相应的气瓶安全管理制度和事故应急处理措施，并由专人负责气瓶安全工作，定期对气瓶运输、储存、销售和使用人员进行气瓶安全技术教育。

气瓶使用者应当遵守下列安全规定：

（1）严格按照有关安全使用规定正确使用气瓶。

（2）不得对气瓶瓶体进行焊接、更改气瓶的钢印或者颜色标记。

（3）不得使用已报废的气瓶。

（4）不得将气瓶内的气体向其他气瓶倒装或直接由罐车对气瓶进行充装。

（5）不得自行处理气瓶内的残液。

三、权利和义务

制冷与空调设备运行操作作业人员是通过劳动获得报酬的普通劳动者，依据《中华人民共和国劳动法》享有一切劳动者所享有的权利和义务。

1. 权利

（1）知情权

生产经营单位的从业人员有权了解其作业场所和工作岗位存在的危险因素、防范措施及事故应急措施。

（2）建议权

从业人员有权对本单位的安全生产工作提出建议。

（3）批评控告权

批评控告权即从业人员有权对本单位安全生产管理工作中存在的问题提出批评、检举、控告。生产经营单位不得因从业人员对本单位安全生产工作提出批评、检举、控告而降低其工资、福利等待遇或者解除与其订立的劳动合同。

（4）拒绝权

从业人员发现直接危及人身安全的紧急情况时，有权停止作业或者在采取可能的应急措施后撤离作业场所，即有权拒绝违章指挥和强令冒险作业。

（5）紧急避险权

紧急避险权即从业人员发现直接危及人身安全的紧急情况时，有权停止作业或者在采取可能的应急措施后撤离作业场所。生产经营单位不得因从业人员在前款紧急情况下停止作业或者采取紧急撤离措施而降低其工资、福利等待遇或者解除与其订立的劳动合同。

（6）依法对本单位提出赔偿要求的权利

因生产安全事故受到损害的从业人员，除依法享有工伤社会保险外，依照有关民事法律尚有获得赔偿的权利的，有权向本单位提出赔偿要求。

2. 义务

（1）自觉遵守操作规程和法律法规的义务

从业人员在作业过程中，应当遵守本单位的安全生产规章制度和操作规程，服从管理，正确佩戴和使用劳保护品。

（2）自觉学习安全生产知识的义务

要求掌握本职工作所需的安全生产知识，提高安全生产技能，增强事故预防和应急处理能力。

（3）危险报告义务

从业人员发现事故隐患或者其他不安全因素，应当立即向现场安全生产管理人员或者本单位负责人报告；接到报告的人员应当及时予以处理。

第二节 安全管理制度

一、安全管理规章制度

1. 制冷与空调作业人员安全培训与考核

特种作业是一种容易发生人员伤亡事故，并对操作者本人、他人及周围设施的安全产生重要危害的作业。因此，特种作业人员的安全技术素质及行为对于安全状况至关重要。

为了规范特种作业人员的安全技术培训考核工作，提高特种作业人员的安全技术水平，防止和减少伤亡事故，根据《安全生产法》《行政许可法》等有关法律、行政法规，国家安全生产监督管理总局于2010年4月颁布了《特种作业人员安全技术培训考核管理规定》，自2010年7月1日起施行。

该规定所称特种作业，是指容易发生事故，对操作者本人、他人的安全健康及设备、设施的安全可能造成重大危害的作业。该规定所称特种作业人员，是指直接从事特种作业的从业人员。

特种作业人员应当符合下列条件：

（1）年满18周岁，且不超过国家法定退休年龄。

（2）经社区或者县级以上医疗机构体检健康合格，并无妨碍从事相应特种作业的器质性心脏病、癫痫病、美尼尔氏症、眩晕症、癔病、震颤麻痹症、精神病、痴呆症以及其他疾病和生理缺陷。

（3）具有初中及以上文化程度。

（4）具备必要的安全技术知识与技能。

（5）相应特种作业规定的其他条件。

特种作业人员应当接受与其所从事的特种作业相应的安全技术理论培训和实际操作培训。

特种作业人员必须经专门的安全技术培训并考核合格，取得《中华人民共和国特种作业操作证》（以下简称特种作业操作证）后，方可上岗作业。特种作业操作证有效期为6年，在全国范围内有效，并且每3年复审1次。特种作业人员在特种作业操作证有效期内，连续从事本工种10年以上，严格遵守有关安全生产法律法规的，经原考核发证机关或者从业所在地考核发证机关同意，特种作业操作证的复审时间可以延长至每6年1次。

特种作业操作证由安全监管总局统一式样、标准及编号。

离开特种作业岗位6个月以上的特种作业人员，应当重新进行实际操作考核，经合格后方可上岗作业。

2. 制冷与空调作业安全管理规定

《制冷与空调作业安全技术规范》对制冷空调作业的管理提出了很多具体规定，包括以下内容：

（1）制冷空调作业单位应按国家规定配备制冷空调作业安全管理

人员。

（2）制冷空调作业单位主要负责人、安全管理人员、操作人员和制冷剂充装人员都必须经过专门的安全培训、考核，持证上岗。

（3）制冷空调作业单位安全管理主要职责。

（4）制定操作规程和岗位责任制度。

（5）组织制冷空调系统的安装验收工作。

（6）建立制冷空调系统的安全技术档案，包括设计资料、产品合格证、安装、调试、验收、培训、维修、更新和事故处理等，并永久保存。

（7）运行记录应保存三年以上。

制冷空调作业单位应建立下列安全管理制度：

（1）交接班制度。

（2）巡回检查制度。

（3）压力容器、安全装置、仪表定期检查制度。

（4）防护用品、安全用具管理制度。

（5）制冷空调设备档案制度。

（6）作业人员安全教育与培训制度。

（7）设备管理制度。

（8）制冷空调系统水质管理制度。

（9）制冷空调机房防火管理制度。

（10）制冷空调作业事故应急预案制度。

（11）制冷空调作业安全操作规程。

3. 建立组织机构与确定管理目标

（1）组织机构

应根据制冷空调设备的规模建立起相应的设备管理机构和班组管理体系，实行定员定岗，配备适应管理要求的工程师、技师和操作维修人员。

（2）管理目标

通过强化设备安全管理，保持设备的完好率，争取最佳的设备运行安全性。

(3) 管理内容

设备管理包括以下几个方面：

1) 设备的选购和配备。

2) 设备的使用和维护保养。

3) 设备的计划检修，设备的技术改造。

4) 设备的安全措施与事故处理。

5) 设备技术资料的归档管理等。

4. 制冷设备操作安全管理

制冷设备操作安全管理包括以下内容：

(1) 制冷压缩机的运转安全管理。

(2) 制冷系统辅助设备的安全操作管理。

(3) 制定相应的安全操作管理规程，包括以下内容：

1) 设备的正常开机、关机程序。

2) 设备正常运转时的技术参数管理规程。

3) 紧急情况处理与报告程序。

4) 设备日常维护保养规程。

5) 操作人员岗位纪律以及安全责任管理规程。

(4) 安全防护用品的配备和管理。

(5) 消防器材的配备、使用和管理等。

二、劳保知识

有关劳动安全保障的法律法规对劳保知识的规定如下：

1.《中华人民共和国劳动法》

《中华人民共和国劳动法》于1994年7月5日第八届全国人民代表大会常务委员会第八次会议通过，1995年1月1日正式实施，共十三章一百零七条。该法规定如下：

(1) 用人单位必须建立、健全劳动安全卫生制度，严格执行国家劳动安全卫生规程和标准，对劳动者进行劳动安全卫生教育，防止劳动过程中的事故，减少职业危害。

(2) 劳动安全卫生设施必须符合国家规定的标准。新建、改建、扩建工程的劳动安全卫生设施必须与主体工程同时设计、同时施工、同时投入生产和使用。

（3）用人单位必须为劳动者提供符合国家规定的劳动安全卫生条件和必要的劳动防护用品，对从事有职业危害作业的劳动者应当定期进行健康检查。

（4）从事特种作业的劳动者必须经过专门培训并取得特种作业资格。

（5）劳动者在劳动过程中必须严格遵守安全操作规程。劳动者对用人单位管理人员违章指挥、强令冒险作业，有权拒绝执行；对危害生命和身体健康的行为，有权提出批评、检举和控告。

（6）国家建立伤亡事故和职业病统计报告和处理制度。县级以上各级人民政府劳动行政部门、有关部门和用人单位应当依法对劳动者在劳动过程中发生的伤亡事故和劳动者的职业病状况，进行统计、报告和处理。

2.《劳动保障监察条例》

《劳动保障监察条例》于2004年10月26日国务院第68次常务会议通过，自2004年12月1日起施行，共五章三十六条。该法规定如下：

对职业介绍机构、职业技能培训机构和职业技能考核鉴定机构进行劳动保障监察，依照《劳动保障监察条例》执行。劳动保障行政部门对职业介绍机构、职业技能培训机构和职业技能考核鉴定机构遵守国家有关职业介绍、职业技能培训和职业技能考核鉴定的规定的情况实施劳动保障监察；劳动安全卫生的监督检查，由卫生部门、安全生产监督管理部门、特种设备安全监督管理部门等有关部门依照有关法律、行政法规的规定执行。

3.《使用有毒物品作业场所劳动保护条例》

《使用有毒物品作业场所劳动保护条例》于2002年4月30日国务院第57次常务会议通过，共八章七十一条。为了保证作业场所安全使用有毒物品，预防、控制和消除职业中毒危害，保护劳动者的生命安全、身体健康及其相关权益，根据《职业病防治法》和其他有关法律、行政法规的规定而制定该条例。该条例规定如下：

（1）从事使用有毒物品作业的用人单位（以下简称用人单位）应当使用符合国家标准的有毒物品，不得在作业场所使用国家明令禁止使用的有毒物品或者使用不符合国家标准的有毒物品。

（2）用人单位应当依照本条例和其他有关法律、行政法规的规定，采取有效的防护措施，预防职业中毒事故的发生，依法参加工伤保险，保障劳动者的生命安全和身体健康。

（3）用人单位的设立，应当符合有关法律、行政法规规定的设立条件，并依法办理有关手续，取得营业执照。用人单位的使用有毒物品作业场所，除应当符合职业病防治法规定的职业卫生要求外，还必须符合下列要求：

1）作业场所与生活场所分开，作业场所不得住人。

2）有害作业与无害作业分开，高毒作业场所与其他作业场所隔离。

3）设置有效的通风装置；可能突然泄漏大量有毒物品或者易造成急性中毒的作业场所，设置自动报警装置和事故通风设施。

4）高毒作业场所设置应急撤离通道和必要的泄险区。

（4）使用有毒物品作业场所应当设置黄色区域警示线、警示标识和中文警示说明。警示说明应当包括产生职业中毒危害的种类、后果、预防以及应急救治措施等内容。

（5）有关管理人员应当熟悉有关职业病防治的法律、法规以及确保劳动者安全使用有毒物品作业的知识。

（6）用人单位应当对劳动者进行上岗前的职业卫生培训和在岗期间的定期职业卫生培训，普及有关职业卫生知识，督促劳动者遵守有关法律、法规和操作规程，指导劳动者正确使用职业中毒危害防护设备和个人使用的职业中毒危害防护用品。

（7）劳动者经培训考核合格，方可上岗作业。

（8）用人单位应当确保职业中毒危害防护设备、应急救援设施、通信报警装置处于正常适用状态，不得擅自拆除或者停止运行。

（9）用人单位应当对前款所列设施进行经常性的维护、检修，定期检测其性能和效果，确保其处于良好运行状态。

三、安全责任制

《安全生产法》第四条规定："生产经营单位必须遵守本法和其他有关安全生产的法律、法规，加强安全生产管理，建立、健全安全生产责任制度，完善安全生产条件，确保安全生产"。该法还规定：生产经营单位的主要负责人对本单位的安全生产工作全面负责，生产经营单位的从业人员有依法获得安全生产保障的权利，并应当依法履行安全生产方面的义务。"安全第一，预防为主"是安全运行操作作业的基本方针。作业单位主要负责人和管理人员在组织运行操作的时候要负安全责任，每个从业人员在进行安全生产、操作的时候，同样要负安全责任。各级人员及各部门人员对运行操作作业的职责，即安全责任制。只有当每个人、每个部门都按照安全责任制的规定，认真负起自己的职责时，安全作业才会有保证。

运行操作单位的主要负责人是本单位安全操作的第一责任者，对安全工作全面负责。其职责如下：

1）建立、健全本单位安全作业责任制。

2）组织制定本单位安全作业规章制度和操作规程。

3）保证本单位安全作业投入的有效实施。

4）督促、检查本单位的安全作业工作，及时消除安全作业事故隐患。

5）组织制定并实施本单位的安全作业事故应急救援预案。

6）及时、如实报告安全作业事故。

制冷与空调运行操作从业人员对本岗位的安全作业负有直接责任。从业人员要接受安全作业教育和培训，遵守有关安全操作规章和安全操作规程，不违章作业，遵守劳动纪律。特种作业人员必须接受专门的培训，经考试合格取得操作资格证书的，方可上岗作业。

第三节　职业道德和安全职责

一、职业道德

通常所说的职业，是指人们由于社会分工而从事具有专门业务和特定职责并以此作为主要生活来源的工作。而道德则是人的综合素质的一个方面，它是一定社会、一定阶级向人们提出的处理人和人之间、个人和社会、个人与自然之间各种关系的一种特殊的行为规范，包含着丰富的内容。

职业道德是指从事一定职业劳动的人们，在特定的工作和劳动中以其内心信念和特殊社会手段来维系的，以善恶进行评价的心理意识、行为原则和行为规范的总和，它是人们在从事职业活动的过程中形成的一种内在的、非强制性的约束机制。

职业道德是整个社会道德的主要内容。职业道德一方面涉及每个从业者如何对待职业、如何对待工作，同时也是一个从业人员的生活态度、价值观念的表现，是一个人的道德意识、道德行为发展的成熟阶段，具有较强的稳定性和连续性；另一方面，职业道德也是一个职业集体，甚至一个行业全体人员的行为表现。如果每个行业，每个职业集体都具备良好的职业道德，对整个社会道德水平的提高必将发挥重要作用。

职业道德的主要内容如下：

1. 文明礼貌

文明礼貌是职业道德的重要规范，是作业人员上岗的首要条件和基本素质，同时也是一个行业、一个企业整体形象的集中展示，体现了塑造企业形象的需要。文明礼貌的具体要求是：仪表端庄，语言规范，举止得体，待人热情。

2. 爱岗敬业

爱岗敬业作为最基本的职业道德规范，是对人们工作态度的一种普遍要求。爱岗就是热爱自己的工作岗位，热爱本职工作；敬业就是要用一种恭敬严肃的态度对待自己的工作。在社会主义市场经济条件下，爱岗敬业的具体要求主要是：树立职业理想，强化职业责任，提高职业技能。

3. 诚实守信

诚实守信是处理人际关系的行为准则。诚实是守信的心理品格基础，也是守信表现的品质；守信是诚实品格必然导致的行为，也是诚实与否的判断依据和标准。诚实守信作为一种职业道德就是指真实无欺、遵守承诺和契约的品德和行为。诚实守信既是为人之本，也是从业之道，它的具体要求是：忠诚所属企业，维护企业信誉，保守企业秘密。

4. 办事公道

办事公道是指在办事情、处理问题时，要站在公正的立场上，对当事双方公平合理、不偏不倚，不论对谁都是按照一个标准办事。办事公道是职业劳动者应该具有的品质。办事公道的具体要求：坚持真理，公私分明，公平公正，光明磊落。

5. 勤劳节俭

勤劳节俭是中华民族的传统美德。所谓勤劳，就是辛勤劳动，努力生产物质财富和精神财富。节俭则是节制、节省、爱惜公共财物和社会财务以及个人的生活用品。勤劳节俭对于正确维护个人与个人之间、个人与集体之间、个人与国家之间的利益关系具有深刻的道德意义，既是社会美德，也是人生美德。

6. 遵纪守法

所谓遵纪守法指的是每个从业人员都要遵守纪律和法律，尤其要遵守职业纪律和与职业活动有关的法律法规。从业人员遵纪守法是职业活动正常进行的基本保证，它直接关系到企业的发展和个人的前途。遵纪守法作为职业道德的一条重要规范，既是从业人员的基本义务和必备素质，也是对从业人员的基本要求。

职业纪律是每个从业人员开始工作前就应明确的，在工作中必须遵守、必须履行的职业行为规范。它以行政命令的方式规定了职业活动中最基本的要求，明确规定了职业行为的内容，职业规范包括岗位责任、操作规则和规章制度。

遵纪守法的基本要求是：学法、知法、守法、用法。

7. 团结互助

团结互助是指在人与人之间的关系中，为了实现共同的利益和目标，互相帮助、互相支持、团结协作、共同发展。团结互助，作为处理从业人员之间和职业集体之间关系的重要道德规范，要求从业人员顾全大局，友爱亲善，真诚相待，平等尊重，搞好同事之间、部门之间的团结协作，以实现共同发展。团结互助的基本要求是：平等尊重、顾全大局、互相学习、加强协作。

8. 开拓创新

开拓创新是指人们为了发展的需要，运用已知的信息，不断突破常规，发现或产生某种新颖、独特的有社会价值或个人价值的新事物、新思想的活动。创新的本质是突破，即突破旧的思维定式、旧的常规戒律。它追求新异、独特、最佳、强势，并必须有益于人类的幸福、社会的进步。创新是事业发展的动力，创新是事业竞争取胜的最佳手段，创新也是个人事业成功的关键因素。开拓创新首先要强化创造意识，确立科学思维，更要有坚定的信心和意志。

二、安全职责

1. 制冷空调作业人员安全职责原则要求

（1）严格执行安全操作规程及有关安全制度，做到安全运行。

（2）按时巡视检查设备，认真填写各项报表和值班记录。

（3）根据主管领导安排，认真做好机组开车准许工作和现场监护。

（4）负责当值异常情况和事故处理，并立即向主管领导报告，配合电气及维修人员工作，及时处理故障。一旦发现检修人员危及人身和设备安全时有权制止，待符合安全条件后方可重新工作。

（5）按照规定做好交接班工作，并执行好相应的检查检测制度。

2. 交接班制度

交接班制度是一项上下班之间衔接生产、交代责任，保证安全生产连续进行的一项重要制度。它所规定的交接事项一般有：完成任务的情况，质量情况，设备情况；工具、量具、各种仪表、安全装置情况，以及安全生产及预防措施；为下一班生产所进行的准备情况；上级指示和注意事项等情况。

（1）交接班人员应按规定时间进行交接班。交班人员应和接班人员办理交接手续，双方签字后交班人员方可离去。

（2）交接班时系统运转记录必须完整。设备、环境卫生良好，交班负责人应向接班负责人介绍运转情况和应注意的问题，设备检修、改进等工作情况及结果；当值者已完成和未完成的工作及有关措施。交接班人员应分别到各环节进行详细交接。

（3）遇事故处理，不得进行交接班。应由交班人员负责处理，接班人员可在站（库）长指挥下协助工作。

（4）接班人员应认真查看各项记录，巡视检查设备及各种装置、仪表安全运行状况是否正常，了解上班设备异常及事故处理情况；核对防护用品、安全用具等是否齐全；检查工作现场环境、清整等状况。

3. 巡回检查制度

巡回检查制度是对所控设备的要害部位进行检查的制度，即根据安全生产和工艺流程特点，确定检查内容和要求，选用最科学的检查路线和顺序实行定时、定点对生产的重要部位进行全面检查，掌握情况、记录资料、发现问题、排除隐患。这是确保制冷空调作业安全生产的一项重要制度。

（1）正常巡视除交接班巡视外，还包括定时进行巡视。

（2）新设备刚投入运行，以及设备异常、试验、检修、事故处理后，应适当增加巡视次数。

（3）值班巡视人员巡视检查中，必须遵守安全操作规程，确保人身安全。

（4）巡视检查中遇有严重威胁人身和设备安全情况，应进行紧急处理，并立即报告主管领导。

4. 压力容器、安全阀和压力表定期检测制度

压力容器使用单位，必须认真安排压力容器的定期检验工作，并将压力容器年度检验计划报主管部门和当地劳动部门锅炉压力容器安全监察机构。

（1）企业使用单位，应编制检验计划，每年至少一次配合专业检验人员进行在运行压力容器外部检测。

（2）压力容器停机时检验，期限分为：

安全状况为1～3级的，每隔6年至少一次。

安全状况为3~4级的，每隔3年至少一次。

(3) 运行压力容器的安全阀一般每年至少由专业检测部门检验一次，每开启一次必须重新校验一次。

(4) 压力表必须与压力容器的介质相适应，每年必须经法定检验部门校验一次，以保证压力表灵敏、有效、可靠。

5. 各种安全用具及防护用品的管理

(1) 防护用品、安全用具可根据具体情况设兼职保管员，由制冷站负责人负责。

(2) 防护用品以及其他防护治疗药品应存放在固定地点，禁止作其他用途。

(3) 安全用具按照规程规定定期检验，对不合格的安全用具报废后，应补足新用具，置于原存放处。

(4) 防护用品、安全用具使用后应送回原处存放。

(5) 消防用具应存放在指定地点，由专人负责。如有过期失效或损坏，应报有关部门及时处理。

第二章　制冷与空调设备运行操作基础知识

第一节　物态变化与基本参数

一、物质与工质、压力、温度

制冷与空调技术是应用热力学理论和制冷循环原理，通过制冷与空调设备，实现能量的转换与传递。热力学是研究热能与其他能量相互转化规律的科学。所以，了解和掌握热力学基础知识，对正确理解制冷与空调设备的工作原理很有帮助。通过学习热力学基础知识，可以更深刻地理解制冷与空调设备安全运行与操作的重要意义，并能够根据设备的特点和用途，采取正确的安全维护方法和安全修理技术。

1．物质与物态变化

物质是一个科学上没有明确定义的词，一般是指静止质量不为零的东西。物质也常用来泛称所有组成可观测物体的成分。自然界中的物质是由分子（或原子）组成的。分子或原子都以不同的形式不停地运动着，它们之间存在或强或弱的相互作用。在通常情况下，物质有三种物态，即固态、液态和气态。

（1）固态

固态物质有固定的体积和形状，分子间的距离最小，相互间的引力大，分子只能在自己的平衡位置作振幅很小的振动，而不能自由移动。对于晶体来说，分子（原子或离子）之间保持有序的周期性排列，因此晶体具有一定的形状和强度。

（2）液态

液体有一定的体积，具有流动性而无固定的形状，分子在其平衡位置作振幅较大的振动，分子之间保持短程有序的相对稳定的排列，基本上不可压缩。

(3) 气态

气体没有固定的形状，也没有固定的体积，将充满其容器。在没有容器的情况下，分子向四面八方扩散。气体分子间距离大而无定值，相互间的引力小而不能相互约束，不停地进行着毫无规则的运动，它可以无限膨胀，也可以大大压缩。关于分子集体，人们有一些假设，其中之一是每个分子运动速度各不相同，而且通过分子与分子或分子与器壁碰撞不断发生变化。

2. 制冷工质与制冷系统

在制冷技术中，能够实现能量转化或能量传递的工作介质称为工质；供给工质热量的高温物质称为高温热源；吸收工质所放出的热量的冷却介质或周围环境称为低温热源。制冷系统是工作于两个不同热源之间的一种系统。制冷剂是制冷系统中使用的制冷介质，或称制冷工质。

工质应具有可压缩性和流动性，能够在密闭的系统中循环流动，通过自身热力状态的变化与外界发生热能的交换。各种气体、蒸气及其液体都是工程上常用的工质。制冷系统的最优工质，应根据制冷与空调的目的和具体制冷设备的结构来选定。蒸气压缩式制冷系统中常用的工质，主要有氨和氟利昂等。在吸收式制冷系统中，则经常使用两种组分混合而成的工质，称为工质对。

3. 压力和温度

(1) 压力（压强）与压力单位

1) 压力（压强）。地球上的物体在地心引力作用下都具有垂直向下的重力，物体的重力作用在其他物体上就会对它产生一定的压力。当气体分子充装在一个密闭空间里时，气体分子在不停地运动，不断地与容器器壁发生碰撞，这种碰撞也形成了对器壁的压力，这个压力的方向总是垂直于容器内表面。容器承受总压力的大小，视受力面积而定，也与物质的温度、密度等状态参数有关。

单位面积上所承受的垂直作用力，制冷工程中称为压力，而物理学中则称为压强。本书中所说的压力是气体或液体的压强的混称，所谓的压力数值实际上是指压强的大小。

在一个密闭容器里，由于容器内气体分子运动在容器表面受到力的作用，则压力公式如下所示：

$$p = F/A$$

式中　p——压强；

A——总压力的作用面积；

F——垂直作用在 A 面积上的压力。

2）压力的单位。空气分子也有一定的质量，空气分子不停地运动，不断地与物体表面发生碰撞，这就产生了压力。地球表面的空气层对地面产生的压力称为大气压力，简称大气压。大气压的大小与地面位置、高度、季节、气象条件有关，所以规定了标准大气压（atm）。标准大气压指的是在地球纬度45°处海平面，温度为0℃时所测得的大气平均压力，其值为 1.013×10^{5} Pa。

力的量的符号为 F，它的法定计量单位为牛〔顿〕（N）。面积的量的符号为 A（或 S），它的法定计量单位为平方米（m^2）。压力的量的符号为 p，它的法定计量单位为帕〔斯卡〕，用符号 Pa 表示。

$$1\ \text{Pa} = 1\ \text{N/m}^2$$

在工程实际应用中，Pa 的单位太小，因此常使用千帕（kPa）或兆帕（MPa）。

$$1\ \text{MPa} = 10^3\ \text{kPa} = 10^6\ \text{Pa}$$

所以 1 标准大气压可认为等于 0.1 MPa，即

$$1\ \text{atm} = 0.1\ \text{MPa}$$

制冷与空调工程中，有时也使用 1 kgf/cm^2 表示 1 工程大气压，则

$$1\ \text{kgf/cm}^2 = 0.0981\ \text{MPa}$$

在采暖通风空调技术中，压力有时也用液柱高度表示，若液柱高度为 h，液体的密度为 ρ，容器底面积为 S，液体作用在容器底面的作用力 F 为

$$F = h\rho Sg$$

则压力（压强）p 为

$$p = F/S = h\rho g$$

上式表明，某种液体的密度为常数，所以液柱的高度 h 就与一定的压力相对应，而与容器的底面积大小无关，压力的大小完全可以用液柱高度来表示。常用的液体有水和水银，相应的压力单位为约定毫米水柱（mmH_2O）和约定毫米汞柱（mmHg）。

$$1\ mmH_2O = 9.81\ Pa$$

$$1\ mmHg = 133.33\ Pa$$

各种常见压力单位的换算因数见表2—1。

应该注意，表2—1中的后4个单位是应废止的单位。应废止的单位还有巴（bar）、托（Torr）和工程大气压（atm），但巴国际上暂时还允许使用。

表2—1　　压力单位换算

单位	Pa	atm	kgf/cm^2	mmHg	mmH_2O
Pa	1	9.87×10^{-6}	1.02×10^{-5}	7.5×10^{-3}	1.02×10^{-1}
atm	1.013×10^{5}	1	1.033	7.6×10^{2}	1.033×10^{4}
kgf/cm^2	9.81×10^{4}	9.67×10^{-1}	1	7.36×10^{2}	1×10^{4}
mmHg	1.333×10^{2}	1.316×10^{-3}	1.36×10^{-3}	1	13.596
mmH_2O	9.81	9.678×10^{-5}	1×10^{-4}	7.5×10^{-2}	1

3）几种常用压力

①绝对压力。绝对压力是以零压强为参考测出的压力，反映容器中的气体或液体对容器的实际压力。热力学计算中所用到的压力均为绝对压力。

②相对压力。也称表压力，即由压力表测出来的压力，它表示容器中流体的压力比大气压高出的数值。相对压力与大气压力之和即为绝对压力。

③真空度。低于大气压的气体状态称为“真空”。真空系统的压强称真空度。一般可由真空计测出。把气体分子从容器排出而获得真空的过程称为抽真空。

在制冷与空调技术中，经常要涉及以上三种压力。绝对压力多指设备内部的真实压力，在查阅制冷技术方面的有关图表资料时，图表上所标注的压力一般为绝对压力。

（2）温度和温标

1）温度。温度是表示物质冷热程度的物理量。理论上讲，只要高于 -273.15℃，无论处于何种状态，物质内分子运动都不会停止。分子运动的快慢直接影响分子平均动能的大小，分子平均动能越大，物质的温度越高；分子平均动能越小，物质的温度越低。即分子运动的平均动能值决定了物质的温度高低，它反映了物质分子热运动的剧烈程度。

2）温标。物体温度是可以测量的。为了测量温度，需要规定温度的数值表示方法，即温标。在制冷与空调技术中，常用的温标有摄氏温标（t）、华氏温标（F）、热力学温标（T）。它们的单位分别是摄氏度℃、华氏度°F、热力学温度 K。

①摄氏温度。规定在一个标准大气压（1.013×10^5 Pa）下，纯净水的冰点为0℃，沸点为100℃，在这两点之间分成100 等份，每一等份为1 摄氏度，记作1℃。以摄氏温度为刻度的温度计称摄氏温度计。摄氏温度使用方便，易读易算，是我国法定计量单位。

②华氏温度。规定在一个标准大气压下，纯净水的冰点为32°F，沸点为212°F，在这两点之间分成180 等份，每一等份为华氏1 度，记作1°F。以华氏温度为刻度的温度计称华氏温度计。华氏温度分度细，准确性高，但使用不方便。

③热力学温度。又称绝对温度。它是热力学温标指示的温度。在该温标中，规定水的三相点温度为 273 K，标准大气压下沸点为 373 K，在两点之间分成100 等份，每一等份为1 K，即热力学温度1 度。在热力学中规定，当物质内部的分子运动停止时，其绝对温度为零度，即 $T=0$ K。热力学理论表明，热力学零度是不能达到的。热力学温度多用于理论研究和理论计算。

按照规定，当温度值在零度以上时，温度数值为正值，数值前面加“+”号，“+”号可以省略；当温度值在零度以下时，温度值为负值，数值前面加“-”号，“-”号不可省略。

3）三种温标换算。我国在制冷与空调技术中，经常使用摄氏温度和热力学温度。某些进口设备的技术指标中使用华氏温度。三种温标的关系如图2—1 所示。

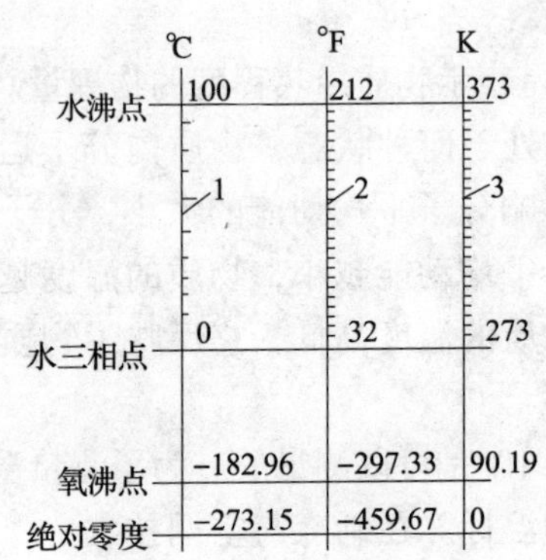

图 2—1　三种温标的关系

1—摄氏温度计　2—华氏温度计　3—热力学温度计

把华氏温度换算成摄氏温度，由下式计算：

$$t = 5/9 \times (F - 32)$$

式中　t——摄氏温度；

F——华氏温度。

把摄氏温度换算成华氏温度，按下式计算：

$$F = 9t/5 + 32$$

式中　F——华氏温度；

t——摄氏温度。

摄氏温度与热力学温度的关系式如下：

$$T = t + 273 \qquad \text{或} \qquad t = T - 273$$

式中　T——绝对温度；

t——摄氏温度。

测量物体温度的仪器称为温度计。温度计种类很多，制冷与空调技术中常用的有热电偶温度计、电接点式温度计、半导体温度计、数字温度计等。它们大都以摄氏温标为计量单位。

4）几种常用温度

①室温。通常表示居住生活场所的正常温度。在制冷与空调工程中，它表示被操作调节的空间温度，如冷藏间或空调室等的温度。

②露点温度。表示在一定湿度和压力下，湿空气中所含的水蒸气开始凝结时的温度。此时的相对湿度为100%。

③干球温度。在修正了热辐射影响之后，由准确的温度计指示的气体或气体混合物的温度。

④湿球温度。当水蒸发或冰升华成水蒸气至空气中，使空气在相同的温度下绝热地处于饱和状态时的温度。一般可用湿球温度计测得，湿球温度要比干球温度低。

⑤临界温度。与物质的临界状态相对应的饱和温度。在临界状态下，液体和气体具有相同的特性。

⑥三相点。在单一物质系统中，气、液、固三相平衡共存时的温度。

二、物质状态变化、热能、热量与比热

1. 物质状态变化

物质形成何种物态，是由分子间作用力大小和分子热运动的强弱来决定的。在缓慢升温过程中，每当某种相互作用的特征能量不足以抗衡热运动能的破坏时，物质的宏观状态就会发生变化，从而出现一种新的物态。在一定的成分下，当温度变化时，物质所发生的从一种状态到另一种状态的转变称为物态转变。三种物态相互转化过程如图 2—2 所示。

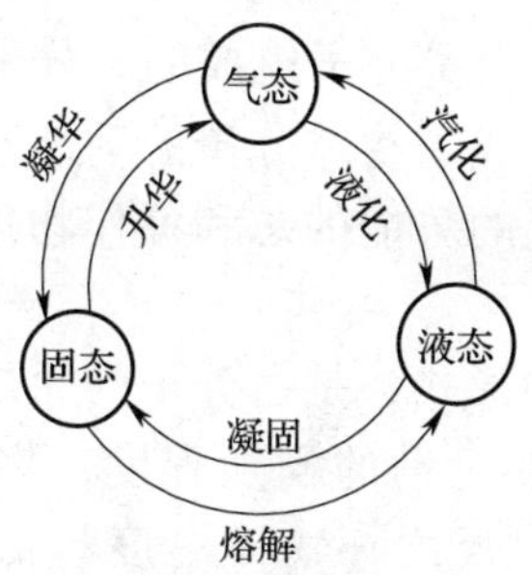

图 2—2　物态变化及名称

以水为例，水随着外部条件温度、压力的变化，其物态也相应发生变化。在标准大气压下，当水被加热到 100℃时会逐渐变成气态，即水蒸气，而水被冷却到 0℃时会逐渐变成固态——冰。反之，固态冰吸收热量，温度高于 0℃时会全部变成液态——水。水蒸气放出热量，温度低于 100℃时会全部变成液态——水。物态变换过程中主要

体现热量的交换以及温度的变化。

物质由固态变为液态的过程称为熔解，如冰融化成水。熔解的逆过程称为凝固，即液态物质变为固态物质。物质在熔解和凝固过程中伴随着吸热、放热，但温度不发生变化。物质熔解或凝固时的温度称为该物质的熔点或凝固点。

物质由气态变为液态的过程称为液化，如水蒸气液化成水。液化的逆过程称为汽化。汽化有两种不同的方式，一种是液体内部和表面同时汽化的现象称沸腾；另一种是在液体表面产生的汽化现象称蒸发。制冷技术中使用的“蒸发”一词，是蒸发和沸腾两种汽化现象的统称。

固态物质不经过液化而直接变为气体的过程称为升华，如干冰（固体 CO_2）变为 CO_2 气体的过程。升华的逆过程称为凝华。

物质三态相互转化，特别是液态、气态相互转化，对制冷技术有着重要意义。制冷技术是利用制冷剂物质的液态—气态—液态变化，实现热量从低温环境向高温环境的转移，从而达到采用人工的方法调节并保持一定温度的目的。

2. 热量及其基本参数

（1）热能与热量

许多宏观物体是由大量分子组成的。分子不规则的热运动和分子之间的相互作用，构成了物体分子的动能和势能。物体分子的动能和分子相互作用引起的势能的总和称作物体的内能，也称作物体的热能。

热量是能量的一种形式，是由分子的无规则运动产生的，微观上体现为物体内分子热运动的剧烈程度，物体内分子平均动能越大，则物体温度越高；反之，物体温度越低。物体受压力、日光照射、通电、化学作用或燃烧等，均可使分子运动加剧，在宏观上则表现出物体温度的升高，即物体从外界吸收热量，自身热能增加，物体温度升高；反之，物体向外界放出热量，自身热能减小，温度降低。

热量与其他形式的能量可以相互转换，如电能转换成热能、热能转换成机械能等。热与功也可以相互转换。一定量的热消失时必然产生一定量的功，消耗一定量的功也必然产生与其相应的一定量的热。

热量是通过两个存在温差的物体而传递的能量，并且从高温物体传递给低温物体，是表示物体吸收或放出多少热的物理量，所以热量只有在热能转移过程中才有意义。制冷与空调技术就是研究和利用热能的转移过程及其量的关系的科学。

热量的单位主要有国际单位、公制工程单位、英制单位。国际单位是焦（耳）(J)。这也是我国国家法定计量单位。其物理含义为：1 N 的力使物体在力的方向上发生 1 m 位移所做的功为 1 J。

热量的公制工程单位用卡（cal）、大卡（kcal）表示。其物理含义是 1 g 纯水在标准大气压力下，温度升高或下降 1℃所需吸收或放出的热量为 1 cal。这种单位是应废除的单位，但在实际工作中还会遇到，故予以介绍。

英国、美国常采用 Btu 作为热量的单位，Btu 为英制单位。其物理含义为 1 lb 纯水在标准大气压下，温度升高或下降 1°F，所需吸收或放出的热量为 1 Btu。这种单位是必须废止的单位，但在实际工作中还会遇到，故予以介绍。

三种热量单位之间的换算关系见表 2—2。

表 2—2　　热量单位换算

单位	kJ	kcal	Btu
kJ	1	0. 24	0. 95
kcal	4. 18	1	3. 97
Btu	1. 05	0. 252	1

（2）比热容

物体的温度发生一定量变化时，物体所吸收或放出的热量，不仅与其自身性质有关，而且还与物体的质量有关。相同性质组成的物体质量不同，它们升高或降低 1℃时所吸收或放出的热量是不同的。同样，质量相同而由不同物质组成的物体升高或降低 1℃所吸收或放出的热量也是不同的。这是因为各种物质的比热容是不同的。把单位质量的某种物质升高或降低 1℃所吸收或放出的热量，称为这种物质的比热容或质量热容，单位是 J/（kg·℃）。

制冷工程中，在温度变化范围不太大，或者计算要求不太精确的场合，往往把比热容取为定值。例如，将水的比热容取为4.18 J/（kg·℃），冰的比热容取为2.09 J/（kg·℃）。

物体温度的变化将伴随着热量的转移，即得到热量或放出热量。得到或放出热量的数值与该物质的质量热容、质量及温度变化值成正比。计算公式如下：

$$Q = cm\ (t_2 - t_1)$$

式中 Q——热量，J；

c——物质质量热容，J/（kg·℃）；

m——物质的质量，kg；

t_1——物体初始温度，℃；

t_2——物体终止温度，℃。

（3）显热与潜热

物质在吸收或放出热量时，根据该物质温度是否变化，把它吸收或放出的热分为显热和潜热。

1）显热。物质在被冷却或加热过程中，物质本身不发生状态变化，只是其温度降低或升高，在这一过程中物质放出或吸收的热量称为显热。它可用温度计来测量，也能使人们感觉到热，这种热又称为可感热。例如，把一块铁放在火炉上加热，铁块不断吸收热量，温度逐渐升高，在铁块熔化成铁液之前，其形态始终是固体，而温度是可以测量出来的，这时铁块所吸收的热称为固体显热。如果把一壶水放在火炉上加热，水不断吸收热量，温度不断升高，当水的温度未达到100℃时，其形态仍然为液体水，（如果把蒸发忽略的话）它所吸收的热量称为液体显热。如果把气体密闭在一个容器内，从外界继续加热，则气体的温度不断上升，但气体仍然为气体，（如果未发生裂解或其他反应的话）此时吸收的热则为气体显热。

2）潜热。物质在被冷却或加热过程中，物质本身只是状态发生变化，而温度不发生变化，如物质由液态变成气态、液态变成固态，在这一过程中物质吸收或放出的热称为潜热。它无法用温度计测量出来，但可以计算出来。例如，对0℃的冰加热，在冰完全融化成水之前，冰逐渐由固体变为冰水混合物，这时，冰所吸收的热称为熔解潜热。

把一杯水放入冷冻室，当水温降至0℃以后，杯内水开始凝固成冰，尽管水仍将向四周散热，但此时杯内冰水的温度仍为0℃，只是杯内冰在增多，而水在减少。水在结冰过程中向外放出的热称为凝固热。液体在沸点汽化时所吸收的热量称为汽化热。对100℃的水继续加热，水便开始沸腾，水急剧转化为气体，而水的温度没有改变，这个过程中单位质量的水所吸收的热称为它的汽化热。所生成的水蒸气在液化时，也将放出同样的热。

水的三种状态和显热、潜热的关系如图2—3所示。

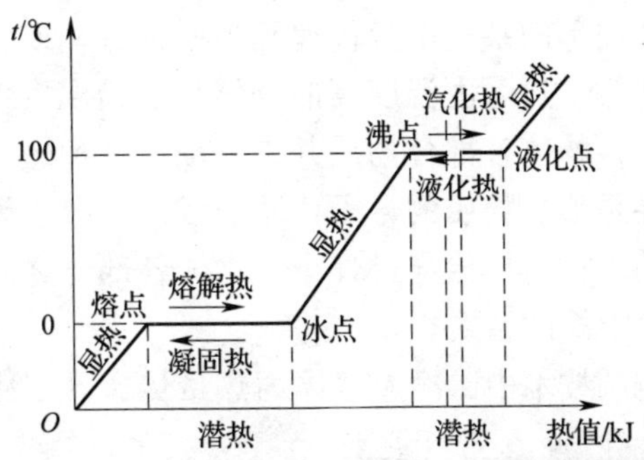

图2—3　水的三种状态和显热、潜热的关系

在蒸气压缩式制冷系统中，利用制冷剂在蒸发器的低压状态下由液态变成气态时吸收大量汽化热；在冷凝器的高压状态下由气态变成液态时向外部环境放出大量液化热，通过制冷剂在制冷系统中的循环达到制冷目的。

三、热传递的基本方式

热是一种能量，在没有外力的作用下，热总是从温度高的物体传到温度低的物体。把两个温度高低不同的物体放在一起（接触或相互靠近），它们各自的温度将发生变化：较热的降温，较冷的升温。这个过程实际上是热能的传递，即内部分子不规则运动剧烈的物体把一部分热能传递给这种运动较不剧烈的物体。无论物质处于三态中的何种状态，只要它们之间存在温差，并且它们之间不存在绝热介质，那么就必然存在热量的传递过程。不仅如此，热能传递也可以在同一物体冷热程度不同的部分间发生。热传递是一个十分复杂的过程。在制冷与空调技术中，制冷与空调空间热负荷的确定，热（冷）媒输送管道的隔热保温，制冷设备的设计、选型和性能评价，都涉及依据热传递规律进行的分析和计算。

热传递有三种基本方式：热传导、对流与热辐射。在实际的传热过程中，这三种热传递方式往往同时进行，当然也存在只有一种方式传热的情况。

1. 热传导

热量由物体内部的某一部分传递到另一部分，或者是两个不同温度的物体互相接触，热量由温度高的物体传递给温度低的物体，在这样的传热过程中，物体各部分物质并未移动，这种热传递的形式叫作热传导。热传导是依靠物质的分子、原子或自由电子等微观粒子的热运动传递热量的。在纯热传导过程中，物体各部分之间不发生相对位移，也没有能量形式的转换。

在制冷与空调技术中，冷库墙体内热量传递、制冷管道壁内的热量传递均是热传导。

用一瓷碗和一铝饭盒同时盛满很热的汤，瓷碗可以很顺利地用手端走，而铝饭盒因为很热不能直接用手去端。这是因为物质的材料不同，其导热能力也不同。容易导热的物质称为热的良导体，如银、铜、铝、铁等金属；不容易导热的物体称为绝热材料，如棉、毛、泡沫塑料、软木和空气等。为了表明物质材料导热的能力，引出热导率这一物理量。在稳定的条件下，面积为1 m^2、厚度为1 m、两侧平面的温度差为1℃时，在1 h的时间内，由一侧面传递到另一侧面的热量，称为该种物质的热导率，单位是W/（m·K)，用符号κ表示。热导率大表明其热传导能力强。传热量可根据不同工况下的计算公式进行计算。

对于单层平壁导热，其传热量 Q，与平壁材料的热导率、平壁两侧之间的温差、平壁面积和传热时间成正比，与平壁的厚度成反比，如图2—4 所示。其传热量计算公式如下：

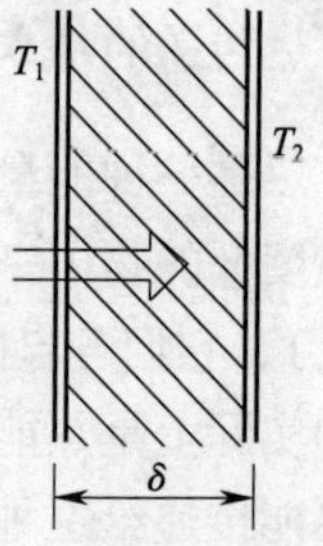

T_1 T_2 δ

图2—4 单层平壁导热

$$Q=\kappa St\ (T_1-T_2)\ /\delta$$

式中　Q——传热量，J；

κ——材料的热导率，W/（m·K）；

S——平壁面积，m^2；

δ——平壁厚度，m；

t——传热时间，s；

T_1、T_2——平壁两侧表面温度，K。

在制冷与空调实际应用中，冰箱的箱体、冷库的围护结构常采用导热能力差的物质，如泡沫塑料、岩棉、硅藻土、玻璃纤维等作为隔热保温材料，以减少冷量损失。而热交换设备，如蒸发器、冷凝器则采用导热能力强的物质，如铜、铝、钢等，以提高传热效率，增加传热量。

2．对流

对流是指流体各部分之间发生相对位移时所引起的热量传递。在气体或液体中，由于存在温度差、密度差和压力差，分子的流动产生了热量的传递。对流仅能发生在流体中，而且必然伴随着热现象。流体的热物性和运动情况，固体壁面的形状、大小和放置方式等，对对流换热均有影响。热交换发生在流体与固体表面之间，热传导与对流同时存在，这种情况称为对流换热。对流换热是热对流和热传导两种作用同时发生的结果。

对流分为自然对流和强制对流两大类。自然对流是由于流体各部分温度、密度的不同而引起的流动，冰箱后背冷凝器表面附近的空气受热向上流动就是一例。强制对流是依靠风机、水泵或其他强制方法维持的流动。空调器室外机、室内机对流换热、冷凝器管内冷却水流动均属于强制对流。

对流换热的换热量 Q，与流体所接触固体壁面的面积成正比，与流体和固体壁面的温度差成正比。对流换热的强弱程度，通常以换热系数 α 表征，α 的单位是 W/（m^2·K）。影响换热系数大小的主要因素有流体的流动速度、流体的性质（质量热容、黏度、导热系数等）、固体壁面的结构形状和尺寸大小等。正是因为影响因素多而复杂，所以至今无法得到对流换热系数 α 的理论解。目前使用的

一些有关换热系数 α 的计算公式，都是由理论分析和实验结果综合整理而得出的。

对流换热的换热量由下式计算：

$$Q = \alpha St\ (T_1 - T_2)$$

式中 Q——换热量，J；

α——换热系数，W/（$m^2 \cdot K$）；

S——流体与固体接触面积，m^2；

t——换热时间，s；

T_1、T_2——流体与固体表面温度，K。

热传导和对流换热的计算式中，都表明换热温差（$T_1 - T_2$）越大，则换热量越大。但这并不能说明通过提高冷凝温度，增大与冷却介质的温度差，就可以提高制冷设备的制冷能力。因为提高冷凝温度会给压缩机、制冷系统带来很多不利因素而适得其反，但是保证一定的换热温差是制冷循环所必需的。

3. 热辐射

热辐射是物体由于自身温度或热运动而向外发射热射线的过程，是一种不需要物体直接接触的热传递方式。

一切宏观物体都以热能的形式向外辐射能量，并伴随能量形式的转换，即热能→电磁波→热能。实验证明，在任何温度下，物体都向外发射各种频率的电磁波。在物体向周围发出辐射能的同时，也在吸收其他物体发出的热辐射能，其结果是物体间的能量转移——辐射换热。辐射能可以在真空中传播，而热传导、对流只有当存在着气体、液体或固体物质时才能进行。

热辐射能量与物体本身的温度、物体的特性有关。物体表面颜色越深、表面越粗糙，发射和吸收辐射能越容易。黑色物体的辐射出射度与物体绝对温度的四次方成正比。冷凝器加工成黑色是为了增强辐射能力，冷库的墙体或换热管道的包扎采用浅色和银白色，目的是减少辐射能的吸收，提高保温效果。

在制冷空调技术中，热传导、对流和热辐射这三种热传递方式往往同时进行。对其处理是否恰当，关系到设备的制冷效果。但由于制冷与空调系统中温度低、温差小，计算热负荷时常常忽略辐射换热。

4. 热传递方式的应用

在各类制冷空调设备中，应用热传递的方式可以强化或削弱传热，从而提高制冷空调设备的制冷性能，保障其安全运行。

对于各类热交换设备，提高传热效率，即尽可能提高单位面积的传热量，可以达到使设备结构紧凑、减轻重量、节省材料和减少能耗的目的。从传热方程式可知，提高换热系数、扩大传热面积、增大传热温差都可使传热量增大。例如，制冷与空调设备中的热交换器，为了增大热交换量，都采用换热系数大的材料。在冷凝器中，改进传热面结构以扩大传热面积，使冷热两种流体反向流动来加大传热温差，增大强制对流时流体介质的流速也可提高换热系数，增加换热量。在运行与维修中，经常清洁传热面、去除污垢，可有效地降低换热热阻，提高换热效率。

制冷与空调设备的作用就是通过采用人工的方法，在一定时间和一定空间里，将某流体（如空气）或某物体冷却，使其温度低于环境温度，并保持这个预先设定的低温。这时，热传递的三种方式就会对这一作用产生影响。在制冷工程中，不仅要利用各种转换方式以提高制冷效果，而且还要根据各种热传递方式的特征，以降低热传导，从而保持低温，这就需要削弱传热，如冰箱、冷库和空调建筑物的围护结构。为了节能，空调用冷（热）水管、风管等都应注意隔热保温，要选择导热能力弱、换热系数小的保温材料做保温层，在保证安全运行的情况下，尽量增大保温层厚度。设备安置的环境条件要尽量远离热源，靠近冷源，并在辐射换热面加遮热板等。

四、热力学基本定律

1. 热力学第一定律

热力学第一定律即能量守恒与转换定律，是指系统从外界吸收的热量等于系统内能的增加和系统对外做功之和。它建立起热能和机械功之间相互转换时的平衡关系，是热、功数量计算基础。

热是能量传递的一种形式，热可以在存在温度差的两个物体之间传递，使得一个物体的温度升高而另一个物体的温度降低，最终达到平衡。同样也可以通过物体做功使物体的温度升高，例如制冷设备的电动机消耗电能转变为机械功，即电动机带动压缩机运转，机械功对制冷剂蒸气进行压缩，使制冷剂压缩成高温高压蒸气，增加热能后又进入冷凝器，在冷凝器中这部分热能又传给空气或冷却水。这样的热量传递过程既体现了能量在转移过程中的形式变化，又表明了功和热之间的等量的本质联系。

历史上，英国人焦耳进行过多种多样的实验，致力于精确测定功与热相互转化的数值关系。实验表明，外界可以通过做功使水的温度发生变化（升温 Δt），也可以通过热传递使水产生同样的温度变化；而且，一定量的功消耗于水时，总是有等量的热产生。这就说明功与热的转换只是能量传递的一种形式。

热力学第一定律是能量守恒与转化定律在涉及热现象中的具体应用。它指出自然界一切物质都具有能量，各种形式的能量可在一定条件下相互转化，能量既不能创造，也不会消失，只能从一种形式转化为另一种形式，或从一个物体转移到另一个物体，而能的总量保持不变。

这个定律把各种物质运动形式的转化规律定量化，并找到了各种物质运动形式相互转化时的公共量度，这个公共量度以机械运动的功作为测量标准。它表示，将一定数量的热能转换为机械能时，必产生一定数量的机械功。反之，一定量的机械功转换为热能时，也必产生一定数量的热能。热和功之间的数量关系如下：

当外界做功使物体生热时，功与热之比为定值，称为功热当量（A）。

$$A = 4.18/427\ (\mathrm{kJ/kgf \cdot m})$$

当以热做功时，热与功之比为定值，称为热功当量（E）。

$$E = 427/4.18\ (\mathrm{kgf \cdot m/kJ})$$

热和功的关系的数学表达式为

$$Q = AW$$

式中 Q——热量（由机械功生成的热），kJ；

W——机械功，N · m；

A——功热当量，kJ/（N · m）。

在制冷与空调工程中，利用热力学第一定律可以分析各类热力系统工质的稳定流动过程，建立能量转换方程。例如对于闭口热力学系统，工质可以同外界发生热量和功的交换，但没有工质的流进、流出，工质可以发生状态变化，但其质量恒定不变。而在开口热力学系统中，工质的状态参数和流量不随时间而变化，而且进、出口流量相等，系统在单位时间内同外界交换的热量和功始终保持恒定。

2. 热力学第二定律

热力学第一定律建立了内能、功和热量的相互转化关系，各种形式的能可以自由地相互转化。只要在转化过程中总的数量守恒，无论是功转换为热，还是热转换为功，都没有给予任何限制。即热力学第一定律并没有指出能量转换的条件和方向。在热传递过程中，热量可以从高温物体自发地传向低温物体，气体可以自由膨胀充满整个容器，但热量却不能自发地从低温物体传向高温物体，气体也不能从充满的容器中自动缩回原处。实践表明，在没有任何外界作用的条件下，任何反方向的过程是不会自动发生的。在热力学系统中，一切实际的宏观热过程都具有方向性，是不可逆过程，这就是热力学第二定律所揭示的基本事实和基本规律。它和第一定律一起，构成了热力学的主要理论基础。

热力学第二定律是在有关如何提高热机效率的研究的推动下逐步被发现的。对热力学第二定律有以下两种经典表述。

一种表述为：在自然条件下，热量由物体自动地转移到另一较高温度的物体而不引起其他变化是不可能的。这种表述说明热量不能从低温物体自动转移到高温物体。欲使热量从低温物体转移到高温物体，必定要消耗外界的功。

另一种表述为：不可能从单一热源吸收热量，使之完全变为有用的功而不产生其他影响。这种表述说明，各种形式的能很容易转换为热能，要使热能全部而且连续地转换为功是不可能的，因为热能转换为功时，必定伴随着热量的损失。

热力学第二定律的两种表述都反映了同一客观规律，二者是等效的。第二种表述说明功变热过程是不可逆的；而第一种表述则指出了热传导过程的不可逆性。它表明了自然界的自发过程具有一定的方向性和不可逆性，而若实现逆过程，必须具备补充条件，并且在能量转换中其能量的有效利用有一定的限度。

在制冷与空调技术中，制冷设备将低温物体（如冷冻室、冷藏室）的热量转移给自然环境（如水或空气），并维持低温环境；制热设备则是从自然环境中吸取热量，并将其输送到需要较高温度的环境中去（如暖室），这两种过程都是要消耗机械能，将机械能转化为热能，使热量由低温热源（蒸发器）转移到高温热源（冷凝器）。为了尽可能地降低在转换过程中的能量损失，就必须采取改进制冷循环的方法，在一定条件下提高热效率并使之达到最高值。

第二节　制冷循环及其基本参数

一、制冷循环原理

1. 蒸气压缩式制冷循环原理

制冷设备的制冷过程是由压缩机使制冷系统内的制冷剂发生流动，并在密闭系统的循环中产生状态变化，即吸热及放热的过程。制冷剂是制冷设备完成制冷循环的工作介质。在蒸气压缩式制冷循环中，制冷剂与压缩机、冷凝器、毛细管及蒸发器等部件构成了制冷系统，通过制冷系统及一定的电能消耗使制冷剂在系统内循环流动，周期性地发生从蒸气到液体，再由液体变成蒸气的状态变化。

目前，制冷与空调设备大多采用蒸气压缩式制冷方式和吸收式制冷方式，其中前者有技术成熟、设备造价低廉的优势，在工程中得到广泛应用。

蒸气压缩式制冷循环是利用压缩机对制冷剂进行压缩，把制冷剂由低压低温蒸气压缩为高压高温蒸气，并驱动制冷剂在一个密闭的系统内循环。单级蒸气压缩式制冷循环则是指，循环过程只经过一个压缩级即可完成制冷剂气—液—气的转换。从压缩机中排出的制冷剂蒸气在冷凝器中通过冷却介质的冷却而冷凝成高温高压的液体，放出大量的液化潜热。这种液体经过节流装置减压降温变成低压低温的液体，然后进入蒸发器，吸收其周围被冷却物质的热量，蒸发为低压低温的制冷剂气体，接着重新被制冷压缩机吸入，开始下一个制冷循环。一个制冷循环经历的四个过程为压缩、冷凝、节流、蒸发，如图2—5所示。

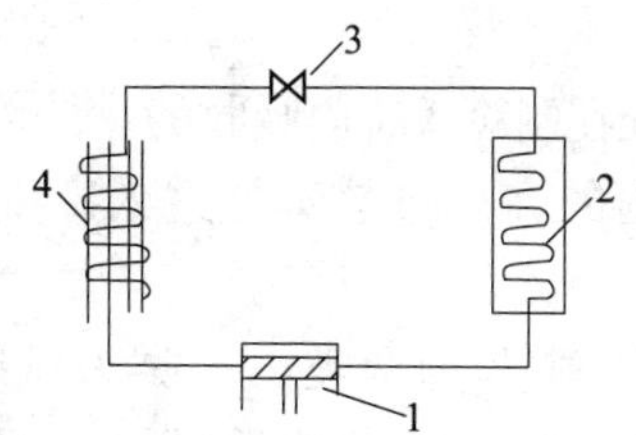

图 2—5 单级蒸气压缩式制冷循环

1—压缩机 2—冷凝器 3—节流装置 4—蒸发器

2. 制冷系统组成

在制冷循环过程中，系统中的各部件所起的作用各不相同，各自的工作原理对应着不同的结构类型。

（1）压缩机

压缩机是制冷系统中的一个重要组成部件，它为制冷剂的循环提供动力。人们形象地称制冷剂是制冷系统中的血液，压缩机是制冷系统中的心脏。根据工作原理，压缩机分为容积型和速度型两类，容积型以往复活塞式为主，速度型以离心旋转式为代表。

常用的往复活塞式压缩机的工作原理如图 2—6 所示。

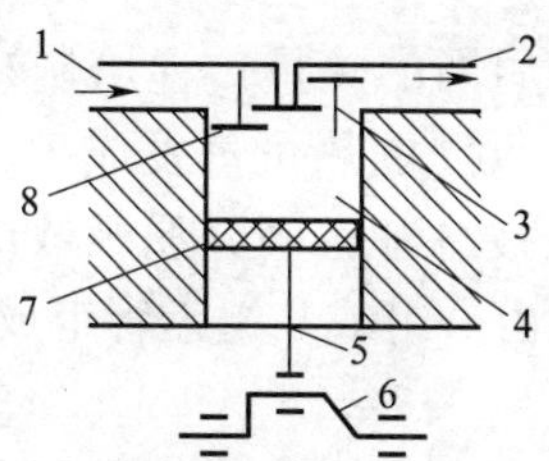

图 2—6 往复活塞式压缩机工作原理

1—吸气口 2—排气口 3—排气阀 4—气缸 5—连杆 6—曲轴 7—活塞 8—吸气阀

活塞式压缩机从吸气口吸进低压低温的制冷剂蒸气，活塞的往复运动对制冷剂气体进行压缩，使低温低压的制冷剂蒸气变成高温高压的过热蒸气，并从压缩机排气口排出。压缩的目的，一方面是使蒸气的压力高于冷凝温度所对应的压力，从而保证制冷剂蒸气能在常温下液化；另一方面是压缩机的吸、排气口的较高压差使得制冷剂得以循环流动，使制冷过程能连续进行。

(2) 冷凝器

冷凝器是将制冷剂在制冷系统内吸收的热量传递给周围介质的热交换器。由压缩机中排出的高压过热蒸气进入冷凝器中，经过散热、冷却，冷凝成液体。

冷凝器可按冷却介质分为两类，一类为风冷式，包括强制风冷式和自然对流风冷式；另一类为水冷式。工业与小型制冷空调设备，大多采用水冷式和强制风冷式冷凝器。家用制冷与空调设备中，电冰箱采用自然对流风冷式，空调器则采用强制风冷式冷凝器。

(3) 节流装置

节流装置的作用是节流降压，使从冷凝器来的高压制冷剂液体压力降到与蒸发温度相对应的蒸气压力。在实际应用中，通常采用毛细管或膨胀阀作为节流装置。毛细管细而长，膨胀阀开启度小。制冷剂流过节流装置时流动速度将加快，毛细管或膨胀阀的两端将形成较大的压差，制冷剂流量也将受到控制。由于经过节流装置压力下降，则制冷剂蒸发温度相应下降，同时由于制冷剂流量减小，制冷剂在蒸发器内可以充分吸热蒸发。

(4) 蒸发器

蒸发器是将蒸发器周围的热量传递给制冷剂的热交换装置。液态制冷剂在蒸发器中吸收周围热量蒸发成为气态制冷剂。制冷剂在蒸发器中沸腾汽化时从被冷却空间介质吸收的热量，称为制冷系统的制冷量。蒸发器通常由一组或几组盘管组成。为了提高传热效率，可在盘管上附加翅片。

制冷系统制冷量的大小与蒸发器的面积大小、蒸发器内液态制冷剂的多少、制冷剂蒸发温度及周围介质的温差有关。蒸发器面积越大，换热温差越大，制冷量相应增加。同时，制冷系统内需要向蒸发器供给适量的制冷剂液体。

3. 其他几种制冷形式

(1) 吸收式制冷循环

使用两到三种制冷剂和吸收剂组成的溶液，由溶液的正循环和制冷剂的逆循环实现制冷循环。该循环主要由发生器、吸收器、冷凝器、蒸发器、溶液泵及节流器组成。氨水溶液吸收式制冷循环的原理如图 2—7 所示。

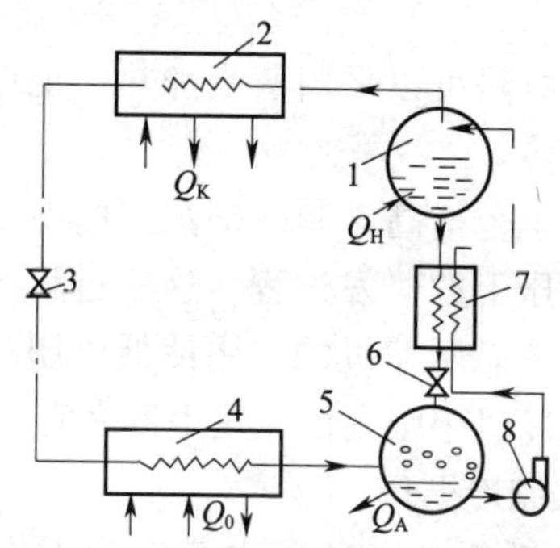

图 2—7　氨水溶液吸收式制冷循环

1—发生器　2—冷凝器　3—节流阀Ⅰ　4—蒸发器　5—吸收器　6—节流阀Ⅱ　7—热交换器　8—溶液泵

吸收式制冷是以二元溶液作为工质，利用溶液在一定条件下能析出低沸点组分的蒸气，在另一条件下又能强烈地吸收低沸点组分的蒸气这一特性，实现低沸点物质的汽化、吸收、冷凝、再汽化的制冷循环。其中低沸点溶液为制冷剂，高沸点溶液为吸收剂。吸收式制冷中使用的溶液主要有氨水溶液（$NH_3 \cdot H_2O$）和溴化锂水溶液（$LiBr \cdot H_2O$），前者多用于低温制冷系统，后者多用于空调制冷系统。

在吸收器（见图 2—7）中充有氨水稀溶液，用它来吸收从蒸发器流过来的氨气。溶液吸收氨气的过程是放热过程。因此，吸收器将被冷却。吸收氨以后，氨水溶液就变成浓溶液。溶液泵使浓溶液压力提高，然后通过热交换器进入发生器。在发生器中溶液被加热到制冷剂沸腾。由于氨的沸点低，加热产生的氨气经过精馏后几乎是纯氨气，然后被送入冷凝器中冷凝。冷凝后的氨，经过节流阀Ⅰ，进入蒸发器汽化吸热（制冷）后流回到吸收器。这样，制冷剂氨在完成一个流动循环的过程中，达到了在蒸发器处吸热制冷的目的。

在发生器中溶液被加热，由于氨的大量蒸发而变成稀溶液，它再通过热交换器和节流阀Ⅱ返回到吸收器，以便再次吸收氨气。为了保证发生器与吸收器之间的压力差，在它们的连接管道上安装了节流阀Ⅱ。

对发生器加热的方法可以采用蒸汽加热，也可以采用燃油、煤或天然气的方法直接加热。

吸收式制冷循环也包括高压制冷剂蒸气的冷凝过程、制冷剂液体的节流过程及其在低压下的蒸发过程。这些过程与压缩式制冷循环一样，所不同的是后者依靠压缩机的作用使低压制冷剂蒸气复原为高压蒸气，而在吸收式制冷机中则是依靠发生器来完成的。

（2）蒸汽喷射式制冷循环

蒸汽喷射式制冷循环是以高压水蒸气为工作动力的循环。在循环中，锅炉、冷凝器、喷射器、凝水泵组成热动力循环（正向循环）；喷射器、冷凝器、节流器、蒸发器组成制冷循环（逆向循环）。正向循环与逆向循环通过喷射器、冷凝器互相联系，如图2—8所示。

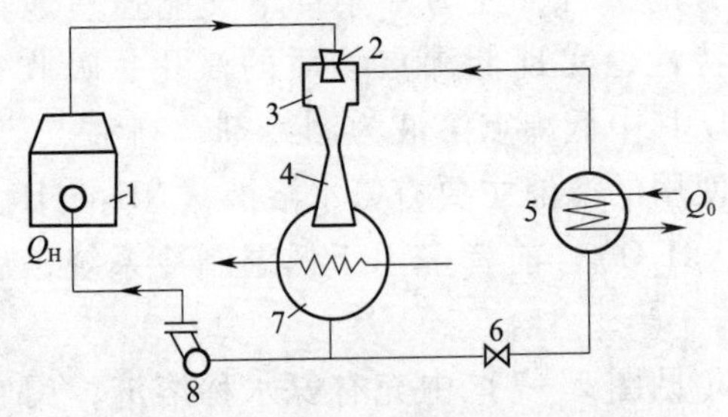

图2—8　蒸汽喷射式制冷循环

1—锅炉　2—喷嘴　3—混合室　4—扩压管　5—蒸发器　6—节流器　7—冷凝器　8—冷凝水泵

锅炉提供的高温高压水蒸气称为工作蒸汽，工作蒸汽被输送至蒸汽喷射器（主喷射器），在喷嘴中绝热膨胀并迅速降压而获得很大的流速（>1 000 m/s）；在蒸发器中由于制取冷量而汽化的水蒸气被引入喷射器的混合室中，与绝热膨胀后的高速蒸汽混合，一起进入扩压管中，混合蒸汽在扩压管中将动能转变为势能而被压缩至相应的冷凝压力，然后进入冷凝器向环境介质放出热量，由冷凝器引出的凝结水分为两路，一路经节流器Ⅰ节流降压到蒸发压力后在蒸发器中汽化吸热，另一路经冷凝水泵送回锅炉继续加热循环。

（3）半导体制冷

半导体制冷是应用半导体材料的珀尔帖效应实现的。珀尔帖效应即在两个不同导体A、B组成的回路中，通过直流电 I 时，在回路的一个接点处除产生焦耳热外，还会释放出某种其他热量，而在另一接点处出现吸收热量的现象，如图2—9所示。图中 T_L、Q_0分别是吸热端的温度和热量。T_H、Q_H分别是放热端的温度和热量。

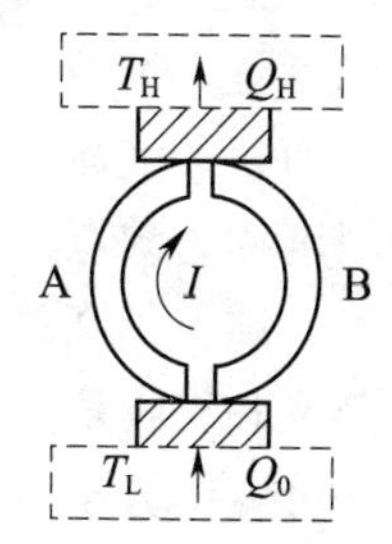

图2—9　珀尔帖效应

半导体制冷由热电堆、热交换器、壳体、附件和温控系统组成。热电堆的冷端通过热交换器吸收冷却空间和物品的热量，这部分热量就是半导体制冷的制冷量。热电堆产生的热量连同制冷吸收的热量，通过热电偶被传送到热电堆的热端。在热电堆的热端，通过热交换器向冷却水或空气散热，从而将冷却空间或物品的热量转移到周围环境中。温控系统用来调节制冷系统的工作，使冷却空间和物品保持稳定的温度。

半导体制冷采用半导体元件，不使用制冷剂，因此没有运动部件，也没有磨损、振动和噪声，工作可靠并且不受重力影响，改变电流方向即可从制冷工况转换到制热工况。但半导体制冷效率较低，适宜于要求消除振动和噪声的工作环境、高压或水下环境以及失重和移动的环境。

二、制冷状态及其参数

在整个制冷循环过程中，制冷剂在蒸发器等设备中的状态及状态参数是制冷与空调作业人员应该掌握的基本概念。

1．蒸发和沸腾

物质从液态变为气态的现象，称为汽化。汽化有两种方式，即蒸发和沸腾。日常生活中，洗过的衣服经过一段时间的晾晒就干了，这是因为衣服表面的水分变成水蒸气跑到空气中的缘故；人出汗后被风扇一吹感觉凉爽，也是由于汗液蒸发时带走了一部分热量。仅在液体表面发生的汽化现象，称为蒸发。各种液体可以在任何温度下蒸发，蒸发过程为吸热过程。蒸发过程的快慢与该液体所处的环境温度、自身蒸发面积以及液面周围空气流动速度、空气的相对湿度等因素有关。

沸腾是一种液体表面和内部同时进行汽化的现象。当在一定压力下，任何一种液体只有达到与该压力相对应的温度时才会沸腾。沸腾时的温度称为沸点，不同的液体沸点也不相同。沸点与压力有关，压力越大，沸点越高；压力越小，沸点越低。

蒸发和沸腾虽然是两种不同的物理现象，但其实质是相同的，即都是部分液体分子吸收足够的热量而获得逸出功，并脱离液体表面进入空气中。

制冷剂在蒸发器内不断吸收周围空气或水的热量，由液态制冷剂汽化为蒸气，常称为蒸发，但实际上是一个沸腾过程。当蒸发器内的压力一定时，制冷剂的汽化温度就是与其对应的沸点，在制冷技术中将蒸发压力所对应的温度称为蒸发温度。液体在沸腾时，虽然继续吸热，但其温度不再升高。例如在标准大气压下，氟利昂制冷剂 R12 在蒸发器内沸腾，其温度一直保持在 -29.8℃。蒸发温度对应的压力称为蒸发压力。

2. 冷凝

冷凝过程也称为液化过程，即物质由气态变为液态的过程。气体的冷凝或液化过程，一般属于放热过程，是汽化过程的逆过程。如水蒸气遇到较冷的物体会凝结成水滴；气态制冷剂被压缩机压缩到冷凝器后，通过冷凝器壁向其周围空气放出大量的热变成液态制冷剂，供制冷系统循环使用。

气态制冷剂冷凝液化时的温度称为冷凝温度，此时的压力称为冷凝压力。

制冷系统内制冷剂的蒸发和冷凝都是在饱和状态下进行的。蒸发温度、蒸发压力和冷凝温度、冷凝压力分别是指相应状态下的饱和温度、饱和压力。

3. 饱和温度和饱和压力

如图 2—10 所示，装在一密闭容器里的液体被加热汽化时，其液态分子变成气态脱离液面，使密闭容器的蒸气分子密度增大，同时做无规则运动。当蒸气分子浓度增高到一定程度时，汽化逸出的分子数便不再增加，这种状态称为饱和状态。

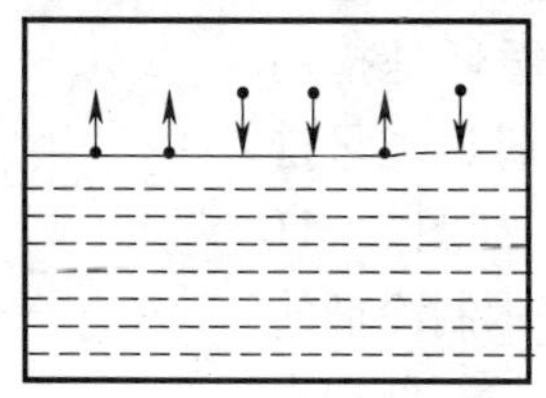

图 2—10　饱和状态示意图

密闭容器内处于饱和状态的液体称为饱和液体；处于饱和状态的蒸气称为饱和蒸气。

（1）饱和温度

当液体与气体处于共存状态时，气、液彼此相互转化的饱和状态下的饱和蒸气温度和饱和液体温度是相同的，该温度称为饱和温度。

（2）饱和压力

在同一饱和状态下，饱和蒸气的压力和饱和液体的压力是相同的，该压力称为饱和压力。

饱和温度和饱和压力不是一定值，它随着工质吸收或放出热量的多少而发生相应的变化，但是工质的饱和压力和饱和温度是一一对应的，即工质在饱和状态下，有一饱和压力必对应一饱和温度。如水在 1 标准大气压下的饱和温度为 100℃，水在 100℃时的饱和压力就是 1 标准大气压；而在高原地区，由于空气压力低于 1 标准大气压，相应的水不到 100℃就会沸腾汽化，即在此地区空气压力下，水的饱和温度低于 100℃，其饱和压力也比 1 标准大气压力低。同一工质，随着压力的升高，饱和温度也升高，饱和温度升高对应的饱和压力也增大。

液态工质在饱和压力下沸腾汽化时维持不变的温度称为沸点；气态工质在饱和压力下冷凝液化时所维持不变的温度称为液化点。在制冷技术中，沸点即是工质在饱和压力下的蒸发温度；液化点即是工质在饱和压力下的冷凝温度。蒸发和冷凝都是在饱和温度下进行的，压力越低，饱和温度也越低。在制冷过程中，保持较低的压力，可使制冷剂在低温下进行蒸发而吸收周围介质的热量，从而起到降低环境温度的作用。提高制冷剂的饱和压力，可使其在较高的温度下进行冷凝，从而使较高温度的制冷剂蒸气在冷凝过程中向周围环境放出热量。

4. 单级蒸气压缩制冷循环过程

单级蒸气压缩制冷循环是指用一台制冷压缩机对制冷剂蒸气只进行一次压缩的制冷循环，如图 2—11 所示。图中 p_k、t_k 分别表示制冷剂的冷凝压力、冷凝温度。p_0、t_0 分别表示制冷剂的蒸发压力、蒸发温度。

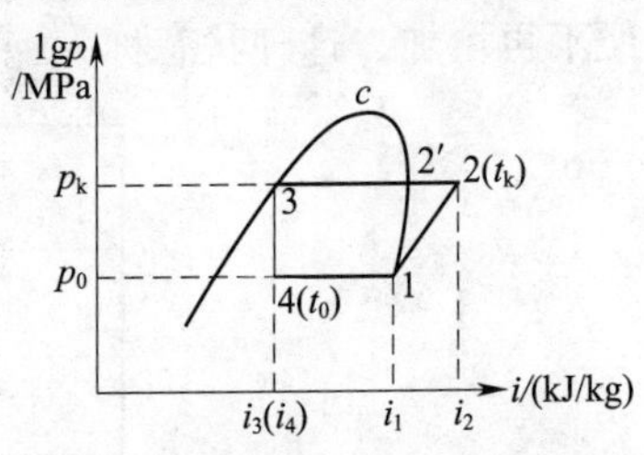

图 2—11 单级蒸气压缩制冷循环

（1）绝热压缩过程

图 2—11 中点 1 表示制冷剂进入压缩机吸气口时的状态，它位于压力为 p_0 的等压线与干度为 1 的蒸气线交点处，制冷剂处于温度为蒸发温度的干饱和蒸气状态。点 2 表示制冷剂从压缩机排出时的状态，也为刚进入冷凝器时的状态。

过程 1—2 为压缩过程。它表示制冷剂蒸气在压缩机中压缩成高压、高温的蒸气，其焓值由 i_1 提高到 i_2，所以点 2 处制冷剂为过热蒸气状态。由于不考虑其他能量损失，所以此压缩过程理论上是绝热压缩过程。

（2）等压冷凝过程

点 2′是压力为 p_k 的等压线与干度为 1 的饱和蒸气线的交点。它的温度是冷凝温度 t_k。点 3 表示制冷剂流出冷凝器进入节流阀前的状态，该点处于等压线 p_k 与干度为零的饱和液相线的交点处，其温度为 t_k。

过程 2—2′—3 中制冷剂压力始终为 p_k，制冷剂蒸气不断向外界放出大量的热，逐渐变为液态。其中 2—2′为等压冷却过程，此时制冷剂物态不发生变化，只是温度下降。2′—3 为等压冷凝过程，此时制冷剂物态发生变化，由气态变化液态，而温度不变。随着冷凝过程的进行，制冷剂在饱和区内干度逐渐下降，饱和蒸气逐渐减少，而饱和液体逐渐增加。由于饱和区内饱和压力和饱和温度是一一对应的，因此等压冷凝过程也是等温冷凝过程。

（3）等焓节流过程

点 4 表示制冷剂流出节流装置开始进入蒸发器时的状态。点 4 是过点 3 的等焓线与等压线 p_0 的交点。

过程 3—4 通过节流装置使制冷剂压力从 p_k 降至 p_0，温度由 t_k 降至 t_0，并成为气、液两相状态。由于节流前后理论上焓值不变，所以此过程称为等焓节流过程。另外节流过程中会有少量液态制冷剂汽化，因此节流装置出口（也是蒸发器入口）处点 4 表示的制冷剂状态为含有少量蒸气的液态。

（4）等温蒸发过程

过程 4—1 为制冷剂在蒸发器中的汽化过程，液体制冷剂在蒸发器内不断汽化吸收其周围介质的热量，焓值不断增加，饱和液体逐渐减少，饱和蒸气逐渐增多，直至制冷剂全部蒸发为止，即重新达到干度为 1 的饱和蒸气状态点 1，之后再次被压缩机吸入而进入下一次制冷循环。

三、制冷剂的蒸气状态参数

1. 制冷剂的压—焓图及状态参数

蒸气压缩式制冷循环中，制冷剂在制冷系统中经历了汽化、压缩、冷凝、节流膨胀的状态变化过程。

（1）湿蒸气和干度

制冷剂在冷凝器或蒸发器的前端同时存在制冷剂的饱和气体和饱和液体，这种饱和液体和饱和气体的混合物称为湿蒸气。

在一定温度下，蒸气达到饱和状态时，只存在饱和蒸气而不存在饱和液体时，称为干饱和蒸气，简称为干蒸气。蒸发器的末端和出口处，制冷剂通常处于干饱和蒸气状态。

湿蒸气中所存在的蒸气质量与湿蒸气总质量的比值称为干度。干度表示湿蒸气中饱和蒸气含量的多少，用符号 χ 表示。

$$\chi = m_v / m_w$$

式中　χ——湿蒸气的干度；

m_v——湿蒸气中的蒸气质量，kg；

m_w——湿蒸气的总质量，kg。

由干度的定义可以看出：$0 \leqslant \chi \leqslant 1$。

当$\chi=0$时，制冷剂为饱和液体状态。

当$0<\chi<1$时，制冷剂为湿蒸气状态。

当$\chi=1$时，制冷剂为干饱和蒸气状态。

在制冷系统的蒸发器中，制冷剂的饱和液体吸收热量逐渐汽化为饱和蒸气，干度逐渐增大；与此相反，在冷凝器中制冷剂饱和蒸气放出热量逐渐液化为饱和液体，干度逐渐减小。

（2）湿度

湿度是表示空气中含水蒸气量多少的物理量，分为绝对湿度和相对湿度两种。

绝对湿度是每立方米湿空气中所含有的水蒸气量，单位为kg/m^3。但绝对湿度使用起来不方便，因为水分蒸发和凝结时，湿空气中的水蒸气质量是变化的，而且湿空气的体积还随温度而发生变化，因此即使水蒸气质量不变，由于湿空气的体积改变，绝对湿度也将相应地变化，因而不能确切地反映湿空气中水蒸气量的多少。

相对湿度是指某一温度时，空气中所含水蒸气质量与同一温度下空气中的饱和水蒸气的质量之比（以百分数表示）。相对湿度越小，蒸发越快，说明空气吸收水汽的能力越强。反之，则说明空气吸收水汽的能力越弱。

（3）过热蒸气

处于饱和状态下的制冷剂，在饱和压力不变的条件下，继续使饱和蒸气加热，使其温度高于饱和温度，此时制冷剂蒸气的状态称为过热状态。过热状态时的蒸气称为过热蒸气。在压缩式制冷系统中，为避免压缩机吸入液态制冷剂而造成液击事故，通常要求压缩机吸入稍过热的蒸气，再经压缩机压缩排到冷凝器中。

过热蒸气的温度高于饱和压力所对应的饱和温度，它们的差值称为过热度。例如蒸发器中制冷剂的饱和温度（蒸发温度）为－20℃时，其蒸发压力为0.15 MPa，若压缩机吸气温度为－15℃，则过热度为5℃。

（4）过冷液体

处于饱和状态下的制冷剂，在饱和压力不变的条件下继续冷却，使其温度低于饱和温度，此时制冷剂液体的状态称为过冷状态。过冷状态的液体称为过冷液体。过冷液体的温度低于饱和压力所对应的饱和温度，它们的差值称为过冷度。例如制冷压缩机空调工况规定制冷剂 R22 在冷凝器中冷凝液化时的温度为40℃，过冷温度为35℃，所以过冷度为这两者的差值5℃。

制冷剂液体在进入节流装置前要过冷，目的是在不增加制冷压缩机功耗的前提下，使制冷剂液体的温度低于饱和温度，因而可吸收相对更多的热量，同时可以减少节流过程中产生的闪发气体量，减小节流损失，从而提高单位制冷剂的制冷量，使制冷系统更经济有效地运行。

2. 制冷剂的压—焓图

(1) 压—焓图的构成

制冷剂的状态参数如压力（p）、温度（t）、比体积（v）、比焓（h）中的任意两个参数均可构成热力图。以制冷剂绝对压力的对数值 $\lg p$ 为纵坐标、制冷剂的比焓 h（制冷剂的能量）为横坐标组成的热力图称为制冷剂的压—焓图，即 $\lg p-h$ 图，如图2—12所示。

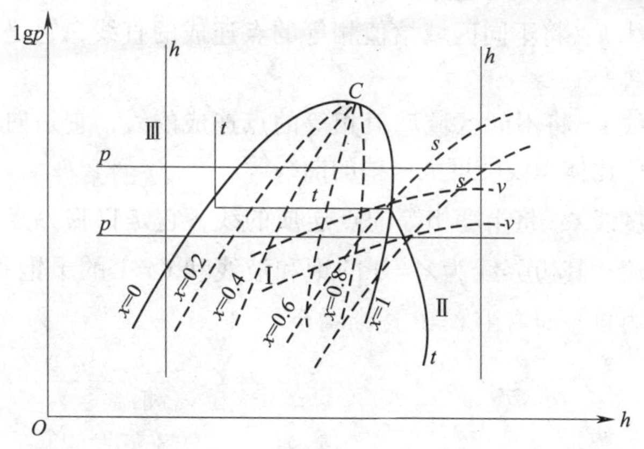

图2—12　制冷剂的压—焓图

图2—12中有一特殊点 C，它表示制冷剂的临界状态，两条黑粗实曲线相交于 C 点。左边的黑粗实线是干度 $\chi=0$ 的饱和液线，右边的黑粗实线是干度 $\chi=1$ 的饱和蒸气线，也称为干饱和蒸气线。饱和液线

和干饱和蒸气线将整个图面分成以下三个区域：

Ⅰ区为饱和液线和干饱和蒸气线之间的区域，在此区域内制冷剂气液共存，故称为饱和区或湿蒸气区（$\chi=0$ 和 $\chi=1$ 两条黑实线所围成的舌形线之内）。

Ⅱ区为干饱和蒸气线右方区域，称为过热蒸气区，制冷剂以蒸气状态存在。

Ⅲ区为饱和液线左方区域，称为不饱和液区或过冷区。

(2) 制冷剂压—焓图中各线的含义

等压线 p：将不同区域压力相等的点连成的直线。在压焓图上它是平行于横坐标的线簇，在饱和区（Ⅰ区）内等压线也是等温线。

等温线 t：将不同区域温度相等的点连成的线（图上为细点画线）。等温线在过冷区内为垂直横坐标的线簇；在过热蒸气区内为向下稍弯曲的接近竖直的弧线簇；在饱和区内为平行横坐标的线簇，等温线也是等压线。等温线在不同区域的线性不同，查图时应注意。

等比体积线 v：将不同区域比体积相等的点连成的线，它是向右上方稍弯曲向上的曲线簇。

等焓线 h：将不同区域焓值相等的点连成的直线，它是平行于纵坐标的线簇。

等熵线 s：将不同区域熵值相等的点连成的线，它是向右上方弯曲，但比等比体积线陡度大一些的曲线簇。

等干度线 χ：将干度相等的点连成的线，它是自临界点向下方发散的曲线簇。其边界线为 $\chi=0$ 的饱和液线和 $\chi=1$ 的干饱和蒸气线，在饱和区内自左向右由 $\chi=0$ 逐渐增至 $\chi=1$。

第三章　制冷剂、载冷剂和冷冻机油的性质与安全使用

第一节　制冷剂的性质与安全使用

制冷剂是制冷循环系统中进行能量转换的工作物质。它吸收被冷却物质的热量而蒸发，在循环流动中，将热量传递给周围空气或水，然后凝结为液态。在这种连续循环的流动中，使冷却对象的温度得以降低，其间只有气—液—气的状态变化，而没有化学变化。尽管如此，由于各种制冷剂的性质和对公共环境的影响存在着巨大差异，其安全性能对使用者和公共安全至关重要，制冷剂的安全问题应引起制冷设备运行操作人员的高度重视。

一、制冷剂的种类

用于制冷与空调设备中的制冷剂有许多种，其分类方法也很多，如单一制冷剂和混合制冷剂，前者是指制冷剂是单一的、纯净的物质，不包括溶液和其他混合物。单一制冷剂有多种，如 R717、R718 等。后者指两种或两种以上制冷剂混合而成的制冷剂，分为共沸混合制冷剂和非共沸混合制冷剂，如 R502、R507 等。

1. 按化学成分分类

根据化学成分可将制冷剂分为以下 4 种：

（1）无机化合物制冷剂

这类制冷剂属于单一制冷剂，绝大部分是自然界中存在的物质。除少量仍在使用外，大部分被氟利昂类制冷剂所替代。其中氨和水现在仍是大型制冷装置中的重要制冷剂。

（2）氟利昂类制冷剂

氟利昂类制冷剂是饱和碳氢化合物中全部或部分氢元素被卤族元素代替后的衍生物的总称。这类制冷剂也属于单一制冷剂，但有些不是自然界中存在的物质。氟利昂制冷剂种类繁多，其构成也较复杂。有被禁用的种类，如 R11、R12；有将被限用的种类，如 R22；还有可以作为长期过渡制冷剂的种类，如 R134a 等。

（3）碳氢化合物制冷剂

这类制冷剂主要有甲烷（CH_4）、乙烷（C_2H_6）、乙烯（C_2H_4）、丙烯（C_3H_6）等，主要用于石油化工部门制取低温，特点是来源广，价格低廉，但易燃易爆。

（4）共沸溶液制冷剂

这种制冷剂是用两种或两种以上的制冷剂按一定的比例混合制成的。共沸溶液有一共沸点，这一沸点低于其任一组成制冷剂，使共沸溶液制冷剂的单位容积制冷量大于其任一组分。此外，由于它集合了各组成制冷剂的优点，性质通常优于单一制冷剂，如 R507。

2. 按冷凝压力和蒸发温度分类

根据常温下冷凝压力（p_k）的大小和标准大气压下蒸发温度（t_0）的高低，制冷剂又可分为低压高温制冷剂、中压中温制冷剂和高压低温制冷剂，见表 3—1。

表 3—1　　制冷剂按 t_0、p_k 分类

类别	低压高温制冷剂	中压中温制冷剂	高压低温制冷剂
p_k（MPa）	≤0.3	≤2	>2
t_0（℃）	>0	−70～0	<−70
制冷剂	R11、R121、R113、R114	R717、R12、R22、R502	R13、R14、R23、R503
制冷设备	离心式制冷机	电冰箱、空调器	复叠式制冷设备

由于制冷剂中的卤代烃类物质对臭氧层的破坏作用和温室效应的不同，环保和科研机构对这类物质的制冷剂提出了新的分类方法。

（1）CFC

CFC 表示全卤化氯氟化烃类物质，其中的氢全部被氟和氯置换，如 R11、R12 等。CFC 类物质虽然在大气对流层中不易分解，但它可以穿过对流层上升到平流层，进而导致臭氧层的大面积破坏。由于它的化学性质稳定，已经排放到大气层中的 CFC 类物质对环境造成的破坏，可能要数百年才能消除。为此，许多国家先后签署了旨在保护臭氧层，逐渐淘汰 CFC 类物质生产和消费的《维也纳公约》和《蒙特利尔协议书》，规定从 1996 年起，至 2010 年完全停止 CFC 类物质的生产和使用。

（2）HCFC

HCFC 表示有部分卤化氢的氯氟化烃类物质，其分子中可同时含氢、氯、氟原子。HCFC 对臭氧层的破坏能力相对较低，由于含氢，化学性质不如 CFC 类物质稳定，在大气中存在的寿命也相对较短。虽然相对 CFC 类物质而言，HCFC 类物质对臭氧层的破坏和温室效应较弱，但长期排放，仍将对大气环境造成严重影响。在《蒙特利尔协议书》中，HCFC 类物质也被列入限期禁用的物质，如 R22 等。此后的一系列国际会议和公约，将 HCFC 类物质的禁用时间设置了逐年递减的指标，规定至 2040 年完全禁止使用。因此，目前这类物质只是作为短期过渡制冷剂使用。

（3）HFC

HFC 表示有部分卤化氢的氟化烃类物质。这类物质由于不含氯和溴，对臭氧层不产生破坏作用，温室效应也较弱。且由于含氢，在大气中的寿命较短，可以作为长期使用的制冷剂。

二、常用制冷剂的性质

1. 氨（NH_3，R717）

氨是早期就开始使用的制冷剂。它制造容易，价格低廉，便于购买，目前仍广泛应用于蒸发温度高于 -65℃ 的大中型活塞式、螺杆式制冷压缩机中。

氨的正常蒸发温度为 -33.4℃，使用范围是 -70～5℃。氨有较好的热力学性质和物理性质。当冷却水温度高达 30℃时，冷凝器中的工作压力一般不超过 1.5 MPa，压力比较适中。

氨能以任何比例与水相互溶解，在低温时水不会从氨水溶液中析出结冰，所以不会在调节阀中形成“冰塞”。氨制冷系统不必设置干燥过滤器。但存在水时会使蒸发温度有所提高，对铜和铜合金有腐蚀作用，同时会使制冷量减小，所以氨中水的质量分数不得超过2%。

氨与矿物润滑油几乎不能相溶，进入氨制冷装置的管路及换热器表面会形成油膜，影响传热效果。氨液的密度比润滑油小，在系统中润滑油会沉积在蒸发器和储液筒的底部，需定期排出。

氨无色有毒，具有强烈的刺激性臭味，当空气中氨的体积分数达0.5%~0.6%时，人在其中0.5 h即会中毒。氨液或高浓度的氨蒸气进入眼睛或接触皮肤会引起肿胀甚至冻伤，并伴有化学灼伤。另外，氨具有可燃性，与空气混合后易爆炸。

2. R22

R22是含有氢原子的甲烷衍生物，是无色、无味、透明、无毒的中温中压制冷剂，主要用于活塞式和小型回转式制冷压缩机系统。

R22在1标准大气压下蒸发温度为－40.8℃，凝固温度为－160℃，其工作范围为－50~10℃。

R22化学稳定性好，不燃烧、不爆炸，是一种使用相对安全的制冷剂。当焊接管路中残存R22时，若温度高达400℃以上且与明火接触，会在高温作用下分解出对人体有毒的气体。

R22对天然橡胶和塑料有溶胀作用，密封材料可采用氯乙醇橡胶或丁腈橡胶。R22封闭式压缩机电动机绕组应使用E级或F级绝缘漆包线。

R22可以部分溶解润滑油，而且其溶解度随着润滑油的种类和温度的变化而变化。在制冷系统的高压侧，液态的润滑油与液态的制冷剂互溶，对传热影响不大；在低压侧，由于R22不断汽化，润滑油仍是液态，润滑油体积分数越来越大，并且附着在蒸发器器壁上，对传热效果有一定的影响。因此，一般R22蒸发器采用蛇形管式，从上部供液、下部回气。这样有利于润滑油与制冷剂蒸气顺利返回压缩机。

R22不易溶于水，而且温度越低，溶水性越差。R22一般对金属没有腐蚀作用，但含水时，制冷系统中的水分会产生酸性物质，对金属零件和管道会产生一定的腐蚀作用。同时，制冷系统中制冷剂的温度低于0℃时，水会冻结成冰，使制冷剂流通不畅。因此，要求在制冷系统内设干燥过滤器。系统中的水的质量分数应限制在0.0025%以内。充注R22前，应对系统进行严格的干燥处理。

3. R134a

R134a是不含氯原子的HCFC类物质，对臭氧层无破坏作用，温室效应也较弱，是目前R12制冷剂的替代品之一。

R134a的标准蒸发温度为－26.19℃，主要热力学性质与R12相似，其中汽化潜热大于R22，不燃烧、不爆炸，基本上无毒性，在汽车空调上应用很成功。

R134a与R12相比，同温度下饱和压力较高。在18℃时，R134a和R12的饱和蒸气压力大致相等；在18℃以下时，R134a的饱和蒸气压力比R12低；在18℃以上时，R134a的饱和蒸气压力要比R12高。

R134a的分子比R12小，渗透性更强，要求制冷系统要保持干燥和密封。R12系统所用的干燥剂已不适用于R134a。另外，R134a的腐蚀性强，对电冰箱电动机绕组的耐氟性能要求更高；对一般R12所使用的丁腈橡胶也有腐蚀作用，需改用氢化丁腈橡胶。

R134a与原R12系统使用的矿物润滑油不相溶，并且具有很强的水解性能，不能满足压缩机的润滑要求。目前多采用新型合成油和酯类油与之匹配。维修中更换工质时须冲洗系统，以确保矿物油的残存量低于1%（质量分数）。

R134a的单位体积制冷量比R12大8%左右，相同制冷量的冰箱须加大压缩机容量。另外，由于R134a制冷系数略低于R12，如果更换工质，将引起系统的能耗增加。

4. R502

R502是一种共沸混合溶液制冷剂，由48.8%的R22和51.2%的R115（质量分数）混合而成。R502的标准蒸发温度为－45.6℃，可以制取－55～－18℃的低温。

R502不燃烧、不爆炸，没有腐蚀性。在相同温度条件下，R502的单位体积制冷量比R22和R115都大，并兼有R12和R22两者的优点。

R502 的汽化潜热大，气体密度大，制冷剂循环量大，在较低的蒸发温度范围内可获得较高的制冷系数。

采用 R502 为制冷剂的压缩机排气温度低，甚至比 R12 的排气温度还低，所以采用 R502 增加压缩机制冷量时，功耗增加不多。另外，R502 在润滑油中的溶解度小，电气绝缘性能与 R22 相似。

5．R600a

由于曾被称为“安全制冷剂”的 CFC 和 HCFC 将被完全停止使用，人工合成制冷剂的地位被动摇。因此，采用生态系统已经接受的天然物质作为制冷剂，成为从根本上解决 CFC、HCFC 类物质替代品问题的有效途径。R600a 作为天然制冷剂的最大优点在于它对臭氧层没有破坏作用，且不会产生温室效应。R600a 可用于蒸发温度为 -25 ~ -5℃的制冷系统。它的饱和蒸气压力低，基本特性近似于 R12，常用在单级压缩制冷系统中，但 R600a 具有易燃易爆的缺点，并且蒸发压力常低于大气压力，对系统的密封性要求较高。

三、制冷剂的危险性

目前使用的制冷剂几乎都属于化学制品，在一般常温常压下呈气体状态，并且灌装在压缩气体钢瓶中。在使用和改换制冷剂操作中，既要考虑制冷装置的工作性能和经济技术指标，又要特别注意安全问题，防止发生造成人身和财产损失的事故。

1．制冷剂的毒性

制冷剂的毒性等级定为 6 级，1 级的毒性最大，6 级最小。每一级中又分为 a、b 两级。a 级的毒性大于 b 级。常用制冷剂中氨（NH_3）的毒性等级为 2 级。氨在空气中的体积分数达 0.5% ~0.6% 时，人就会中毒。浓度超过 4% 时，人的黏膜就会引起灼伤。因此，当人处于较高浓度氨气氛围时，五官等处需加以防护。身体的任何部位如直接接触了氨液或高浓度的氨蒸气，需立即用大量清水冲洗。目前规定氨在空气中的质量浓度不应超过 20 mg/m^3。

R22 的毒性等级为 5 级。它在一般情况下是安全的，但当这种制冷剂气体在空气中的体积分数超过 20%，且停留时间超过

120 min时，将会对人体有一定的危害。使用 R22 制冷剂要注意环境的通风。

2. 制冷剂的燃烧性和爆炸性

制冷剂的燃烧性分为 3 级，1 级为无火焰传播，2 级为低燃烧性，3 级为高燃烧性。制冷剂的燃爆性是一个重要的安全性指标，它与爆炸极限、最高爆炸压力和达到最高压力所需时间有关。氨的燃点为 1 170℃，但自燃温度为 630℃。当氨蒸气在空气中的体积分数达到 16% ~25% 或质量浓度达到 110 ~ 192 g/m^{3}时，就有发生燃爆的可能。此外，当空气中氨的体积分数达到 11% 以上时可以燃烧。如果系统中氨所分解出的游离氢积累到一定浓度，遇空气就会引起强烈爆炸。

R22 具有不燃烧、不爆炸的特性，基本上属于安全制冷剂。

R30（二氯甲烷）与铝接触会分解生成易燃气体，随后会发生剧烈爆炸。所以，R30 系统中严禁使用铝材料作机件或系统管道。

R170、R290 等其他烷烃类制冷剂多作为石油化工行业制冷装置的制冷剂。它们有易燃易爆的特点。使用中应保持系统压力高于大气压力，以防止空气渗入引起爆炸。

常用的混合制冷剂，如 R404a、R410a、R507a、R502 等，都具有不燃烧、不爆炸的特点。它们被广泛使用在低温冷柜、冷库、速冻机、空调器等制冷设备中。

除了制冷剂性质本身所带来的可燃性和易爆性之外，制冷装置的操作失误和制冷剂的使用方法不当，也会引起制冷剂的燃烧或爆炸。例如，氨从制冷系统泄漏出来与空气混合后，达到一定浓度遇明火即可能发生燃烧或爆炸。另外，制冷剂是在密闭的制冷系统装置内循环流动，以气—液状态变化来传递热量。如果制冷剂液体或气体在刚性密闭的容器中受热，它将难以膨胀，压力必然会升高。容器中如果没有安全阀之类的自动减压装置，或调节失误，则会使容器内制冷剂的压力随温度的上升而急剧增大。对于常用制冷剂，满液后容器内液体温度上升 1℃，其压力可上升 1.478 MPa，如上升 10℃，则压力将升高 15 MPa。如此巨大的压力远远超过了一般容器的耐压承受力，所以将发生爆炸。在氨制冷系统和氟利昂制冷系统中，都发生过此类爆炸事故。所以，制冷与空调作业的安全操作非常重要，必须引起高度重视。

四、制冷剂的安全使用

制冷剂大多为化学制品，在充注入制冷系统之前，以压缩气（液）体的形式密闭储存在高压钢瓶中，在充注入制冷系统之后，也是在一个密闭的制冷装置内循环流动，并发生气液相变，以完成传递热量的作用。所以，制冷剂的安全储存和运输，以及制冷剂充注和制冷设备的安全操作，是制冷与空调作业人员必须掌握的基本技能。

1. 制冷剂的储存与运输

制冷剂钢瓶是储存和运输制冷剂的专用容器，必须符合《气瓶安全监察规程》等国家有关法规和技术标准的规定，定期进行耐压试验。不符合规定的钢瓶，不得用作制冷剂容器。

制冷剂钢瓶的容积有多种不同的规格。钢瓶表面应标明制冷剂的种类和容积，以及盛装重量。不同的制冷剂应使用不同标识的钢瓶盛装，不可混用。不得任意涂改制冷剂钢瓶本身的颜色和代号标识。

钢瓶中制冷剂的存储量要根据钢瓶容积的大小来决定，不可超过规定限额。一般充装量以钢瓶容积的 2/3 为宜，以避免遇热膨胀压力增大而爆裂。

制冷剂钢瓶在存储时应卧放，并使它们头部朝向一方。要旋紧瓶帽，放置整齐，妥善固定。立放的钢瓶要加装固定装置，防止倾倒。禁止将有制冷剂的钢瓶存储在机器设备间。专门存储制冷剂钢瓶的仓库要有自然通风或机械通风装置，并远离热源和避免阳光暴晒。氨制冷剂钢瓶不准与氧气瓶、氢气瓶同室储存，以免发生燃烧、爆炸事故。仓库内应设有抢救和灭火器材。

制冷剂在运输时应设置遮阳设施，防止暴晒，避免剧烈颠簸、振动和撞击，车上禁止烟火，并应配备防氨泄漏的工具，严禁与氧气、氢气瓶等易燃易爆物品同车运输。制冷剂钢瓶不允许用电磁起重车搬运。

2. 制冷剂的使用

（1）开、关制冷剂钢瓶阀口，应使用专用的扳手或其他适当尺寸的扳手，并站在阀的侧面缓慢开启。使用时应避免碰撞，使用后要关严以免泄漏。瓶阀冻结时，应把钢瓶移到温度较高的地方，禁止使用明火对制冷剂钢瓶进行加热。确需升压灌注时，可用40～50℃的热布贴敷解冻。

（2）在分装制冷剂时，不可使钢瓶承受超过耐压限值的压力。瓶中气体不得用尽，必须留有一定的剩余压力。要定期检查分装、充注软管和设备，必要时应予更换。

（3）维修制冷系统时，应根据情况处理制冷剂的排放或存储。如需焊接操作，必须放空操作设施内的制冷剂。有制冷剂污染的房间，应开窗通风并禁止明火操作。

（4）使用氨制冷剂的制冷装置必须定期进行放空气操作。使用可燃易爆制冷剂的工作场所，应按规定配置紧急排风装置。

（5）随时观察制冷设备的运行情况，并做好运行记录，防止因设备超压超温引起制冷剂的温度上升、压力增大，发生爆炸事故。制冷设备运行间应避免设高温或加热装置。

（6）液体制冷剂与人体接触时会造成冻伤，氨等引起的冻伤通常伴有化学灼伤。所以，与液体制冷剂接触时，应戴橡胶手套，避免液体制冷剂接触皮肤或眼睛。

（7）制冷剂浓度大的地方会使人缺氧，造成呼吸困难，严重时会使人发生窒息。制冷机房、维修工作场所要具备通风设施，发现制冷剂泄漏，或感觉有较强刺激性气味时，应立即启动紧急排风装置并将人员撤至上风处，并随后查找漏源，排除泄漏。

第二节　载冷剂的性质与安全使用

载冷剂又称冷媒，是制冷系统中用来传递冷量的物质。在间接制冷系统中，载冷剂作为一种中间介质，把制冷装置产生的冷量传递给被冷却或被冻结的物质，吸收其热量后，载冷剂又被制冷装置中循环流动的制冷剂冷却，如此循环往复，起着媒介的作用。

一、载冷剂的种类

用作载冷剂的物质有几十种，一般热容量都较大，容易使被冷却物质或空间的温度保持相对稳定。在制冷与空调装置中，根据不同的载冷温度和载冷剂的凝固点，载冷剂主要有以下几种：

1. 空气

空气的凝固点低，腐蚀性小，但是比热容小，对流换热系数小，只在采用空间直接冷却时使用。

2. 水

水是非常好的载冷剂，水的比热容大，对流换热系数大，传热性能好，对金属等供冷设备的腐蚀性小，但水的凝固点温度为0℃，所以只能作为空调系统中0℃以上的冷却水使用。

3. 盐水

常用的盐水是由氯化钙（$CaCl_2$）和氯化钠（NaCl）配制成的盐水溶液。盐水中盐的含量对盐水的性质起着决定性的作用，但与水比较，盐水的比热容较小，密度较大，传热性质较好，凝固点可根据盐的含量加以设定，适于在中低温制冷装置中使用，如肉类和鱼类的冷冻等。

由于盐水的凝固点与盐水溶液中盐的含量有关，所以可根据制冷系统的工作温度和冷却用途选择盐水的浓度。图3—1和图3—2分别为氯化钠盐水和氯化钙盐水溶液的温度—质量分数图。图中左边曲线为析冰线，右边曲线为析盐线，两线的交点为冰盐共晶点。由析冰线可知，起始析冰温度随含盐量的增加而降低，直至冰盐共晶点为止。当质量分数低于共晶点时，先析出冰。质量分数超过共晶点时，从盐水中析出结晶盐，而且析盐温度随质量分数增加而升高。另外，为了保证蒸发器中的盐水不产生冻结现象，选择的质量分数不宜太高，且使盐水的凝固点温度低于制冷剂蒸发温度6~8℃。

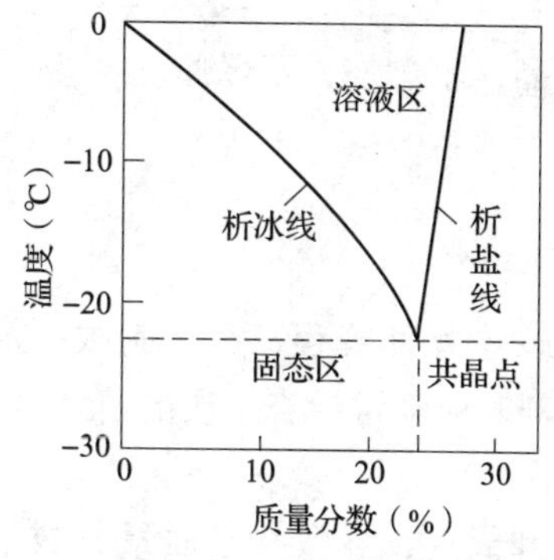

图3—1　氯化钠（NaCl）盐水溶液

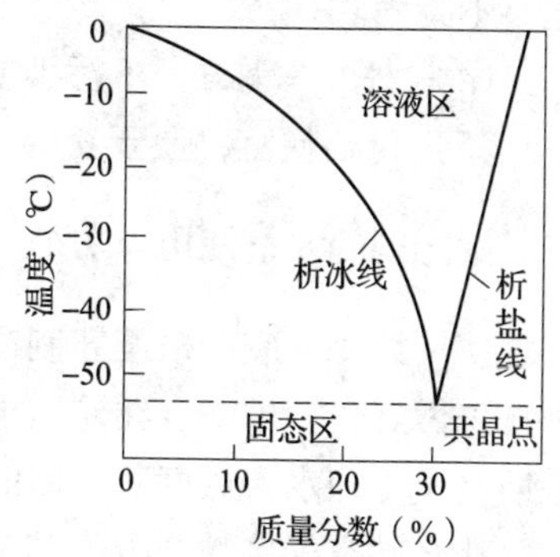

图3—2　氯化钙（$CaCl_2$）盐水溶液

二、载冷剂的性质

载冷剂可以是气体，如空调系统或冷库中就有以空气作为载冷剂的；也可以是液体，如在制冰、冷冻、空调等制冷装置中，就是以盐水或水作载冷剂。载冷剂先在制冷剂蒸发器处被冷却，获得冷量，然后被泵送到需要冷量的物体或空间，吸收被冷却物体的热量之后，又回到蒸发器处继续被冷却。正是因为载冷剂的媒介作用，使得制冷剂能够在一个较小的制冷系统内循环，从而减小了制冷管道的容积，节省了制冷剂，制冷设备也更集中，体积更小，更加便于安全运行和管理。

由于载冷剂载运冷量的作用，在制冷装置的布置上，可以使被冷却空间远离冷源，这在使用有毒制冷剂（如氨）的系统中尤为重要。它可以使被冷却的物质如食品避免与氨的接触，从而保证了安全和卫生。另外，载冷剂也为冷量的控制和分配提供了方便，如大容量、集中供冷的装置都采用载冷剂输送冷量。

用作载冷剂的物质一般应满足以下要求：

（1）比热容要大，密度要小，黏度要低，传热性要好，以减小循环流量和流动阻力，提高传热效率。

（2）化学稳定性要好，在大气条件下不分解，不氧化，不改变其物理性质，无腐蚀性，不易积垢。

（3）沸点高，凝固温度低，要低于制冷剂蒸发压力，在使用范围内以液态形式流动或以气态形式传输，液态载冷剂在循环流动中不汽化，不凝固。

（4）对人体无毒，不污染或腐蚀食品，不燃烧，不爆炸。

（5）价格便宜，便于获得。

三、载冷剂的安全使用与防护

使用载冷剂应严格遵守制冷设备的安全操作规程，在配制载冷剂时首先做好防护措施。在使用水作载冷剂时应经常检查水质的清洁度，定期更换冷却水，做好蒸发器的除垢操作。

盐水同空气接触会吸收其中的水分和氧气，导致盐水质量分数下降，凝固温度上升，对金属材料腐蚀变得严重。所以，选择把盐水系统做成封闭系统，可减少空气与盐水的接触。在开放盐水系统中，则应经常测定盐水的质量分数，并在盐水中加入一定量的缓蚀剂以减小腐蚀性，一般在 1 m^3氯化钠盐水中应加入缓蚀剂重铬酸钠 3.2 kg 和氢氧化钠 0.9 kg，使溶液 pH 值为 7 ~ 8.5，即呈弱碱性。在使用重铬酸钠时要注意安全，注意其对人体的毒性和对皮肤的伤害。

低温制冷系统中使用的载冷剂温度很低，使用中应采取防护措施，避免冻伤。有机载冷剂如甲醇、乙醇易燃烧，所以在使用场地应设置消防器具，并设置通风换气装置。

第三节　冷冻机油的性质与安全使用

一、冷冻机油的种类

冷冻机油主要应用于制冷压缩机内部各个运动部件之间的润滑，并随着制冷剂一起参与制冷循环。因为制冷压缩机的种类不同，制冷剂也具有不同的特性，所以冷冻机油也具有不同的种类。对于不同的制冷系统和制冷设备，应选用与之相匹配的润滑油，以保证制冷装置与制冷循环安全、经济、有效地运行。

按照冷冻机油国家标准，根据冷冻机油的组成特性、应用制冷剂的性质类型和制冷循环的蒸发温度，把冷冻机油分为 DRA、DRB、

DRD、DRE、DRG 五种类型，其中 DRA 和 DRB 可以应用在氨作为制冷剂的制冷系统中。冷冻机油的分类及其应用见表 3—2。

表 3—2　　冷冻机油的分类及其应用

分组字母	主要应用	制冷剂	润滑剂分组	润滑剂类型	代号	典型应用	备注
D	制冷压缩机	NH_3（氨）	不相溶	深度精制的矿油（环烷基或石蜡基）合成烃（烷基苯、聚α烯烃等）	DRA	工业用和商业用制冷	开启式或半封闭式压缩机的满液式蒸发器
			相溶	聚（亚烷基）二醇	DRB	工业用和商业用制冷	开启式压缩机或工厂厂房装置用的直膨式蒸发器
		HFC（氢氟烃类）	相溶	聚酯油，聚乙烯醚，聚（亚烷基）二醇	DRD	车用空调民用与商用空调，热泵等	—
		HCFC（氢氯氟烃类）	相溶	深度精制的矿油（环烷基或石蜡基），烷基苯，聚酯油，聚乙烯醚	DRE	车用空调、民用与商用空调，热泵等	—
		HC（烃类）	相溶	深度精制的矿油（环烷基或石蜡基），聚（亚烷基）二醇，合成烃（烷基苯，聚α烯烃等）聚酯油，聚乙烯醚	DRG	工业制冷，民用与商用制冷，热泵	工厂厂房用的低负载制冷装置

二、冷冻机油的性质

冷冻机油应具备的基本性质如下：

（1）凝固点要低，低温流动性要好。一般要求，凝固点应比制冷剂蒸发温度低5～10℃。对使用R717制冷剂的压缩机冷冻机油的凝固点应低于－40℃，对R22压缩机则应低于－50℃。

（2）要有良好的化学稳定性和绝缘性能，与制冷剂不发生化学反应，对金属及电动机绝缘材料不产生腐蚀作用。正常使用时，全封闭压缩机工作5～15年应能不换冷冻机油。

（3）热稳定性要好，低温工作时，冷冻机油性能基本不变；高温工作时不碳化，抗氧化性能强，挥发性差。

（4）黏度要适中。黏度过高会使冷冻机油的流动性能下降，冷却效果变差，使功耗增加。黏度过低则摩擦面不易形成正常的油膜，会加速机件磨损，并使机械的密封性能降低。在制冷压缩机中应使用黏度随温度变化小的冷冻机油。

三、冷冻机油的安全使用与要求

（1）冷冻机油的储运过程中要严格防止水分混入，以免乳化。存放场所应保持阴凉干燥。

（2）制冷压缩机的排气温度不应过高，以免冷冻机油变质，使机件损坏。

（3）应使用制冷压缩机规定的冷冻机油，不能与其他油混用，更换冷冻机油要使用原牌号种类的冷冻机油。使用过的冷冻机油，应再生后并经化验合格方可使用。

（4）经常检查油分离器，定期排放储存在蒸发器或储液桶底部的冷冻机油，以保障制冷设备的安全运行。

（5）在高转速、中大型制冷压缩机中，油温低于30℃时不能启动压缩机，以防油中溶解氟利昂制冷剂汽化，使油泵不能正常工作。

（6）常年运行的制冷剂应每年更换一次冷冻机油。

第四章　制冷与空调设备运行作业安全基础知识

第一节　制冷与空调设备运行操作人员的职业特殊性

一、作业特点

1. 制冷与空调作业的特点

制冷与空调作业中不仅要进行设备的运行操作，而且还要为制冷空调生产服务，参与系统开停车和试车运行，以及日常维修和安全检修。其作业与环境条件相对比较复杂，为完成某些特种作业还必须进入大型制冷装置和设备内部，有时又必须在装置、设备或系统进行抢修的特殊状态下工作，所以存在着诸多危险与有害因素。

（1）制冷与空调作业环境

制冷与空调作业运行操作既要掌握一定的制冷与空调设备的基础知识和操作技能，还要掌握一些通用类别工种的一般技能，例如安装与维修钳工、管工、焊工、仪表工等工种技能；对于大型装置和设备的安装维修和操作试运行，可能还会有起重工的参与配合。根据不同的施工现场和作业环境，运行操作人员可能在露天或室内作业巡视，其工作对象可能是在建或新建的制冷与空调系统，也可能是正在运行的制冷装置，或是已经停车正等待检修或计划检修的装置和设备。因此，运行与操作作业人员工作现场遇到的情况是复杂多变的，还可能存在各种不安全因素。

（2）运行操作人员的作业范围

1）新装置的安装及试运行。配合安装人员进行新的制冷与空调设备的安装，涉及就位、找正、找平、紧固，零部件拆卸、清洗、装配、调试，单机及系统的试运行等。

2）设备的使用和操作。制冷与空调设备开机前的各项准备工作，各类辅助设备的安全检查工作；设备的启动、正常运行和正常停机；设备运行中的安全记录；突发事故的应急处理等。

3）运行装置的不停车检修。制冷与空调设备的不停车检修，包括机器设备小修的部分内容和日常维修，如润滑油的添加，仪表和安全装置的调试或更新，填料函的压紧和跑冒滴漏的消除等。在装置不停车的情况下，协助相关维修人员对备用机组进行计划检修（小修、中修或大修）。

4）零部件的修复或更换。这是机器设备大修的重要内容。由于检修技术复杂，检修工作量大，为保证检修质量，往往需要在专门的机加工车间完成。

（3）参与作业过程的物质及特性

一般设备运行操作人员所从事的基本上是物理变化的作业过程，即只是改变机器和工件的外形及尺寸，而不改变制成工件的物质结构、组成和形态，但对于制冷空调系统运行操作的作业过程，不得不涉及工质和多种辅助物料。它们主要包括氨、氮气、各类制冷剂等。大多是具有易燃、易爆、毒害和强腐蚀性的危险化学品，是生产作业过程中导致事故发生的重要因素。

2. 运行操作作业中的危险有害物质

运行操作作业中使用、接触及存在于制冷装置系统与周围环境中的危险有害物质包括制冷空调系统工作介质，以及设备安装检修材料与辅助物料。

（1）制冷与空调系统工作介质

制冷与空调系统的工作介质有制冷剂、载冷剂和润滑油。

（2）制冷系统吹除、气密性试验与置换用的工具

吹除、气密性试验与置换工作在制冷系统开停车时进行。新系统采用压缩空气或氮气作为工作介质；对于已投入运行的制冷装置，为安全起见，系统吹除、气密性试验和置换多采用氮气。

1）压缩空气。压缩空气为不燃气体，无毒。空气可以维持人和动物的生命。空气中的氧气含量降低到15%（占空气体积的百分比）以

下时，会导致呼吸困难，使中枢神经发生障碍，重者还会出现生命危险。空气一旦被压缩，便积聚内能。压力越高，积聚的内能越大。若容纳压缩空气的系统或装置因破裂、失控而导致无序释放，就会危及人身安全或破坏装置及设备。

2）氮气。氮气钢瓶在日光下暴晒或搬运时碰撞，易使钢瓶中的氮气膨胀。如果钢瓶铜阀门被摔坏，容易引起爆裂。氮气本身无毒，但能在密封空间内置换空气。当氮气在空气中的分压升高，氧分压降低到13.3 kPa以下时，则可引起窒息，严重时会出现呼吸困难，如不及时处置，则可引起意识丧失甚至死亡。压缩氮气充装在耐高压的钢瓶或高压储罐内进行储存和运输。一般应储存于阴凉、通风良好的库房内，最好专库专储，远离热源、火源。钢瓶装的氮气平时用肥皂水检漏。搬运时要戴好钢瓶的安全帽及防震橡皮圈，避免滚动和撞击，防止容器破损。处理氮气泄漏必须穿戴氧气防毒面具和防护服。关闭泄漏的钢瓶阀门，用雾状水保护关闭阀门人员，并进行通风，将氮气排放至大气中。

3）安装检修中的辅助物料。设备安装检修时的辅助物料主要有油脂、清洗剂和腐蚀剂，如汽油、煤油、工业盐酸、氢氧化钠等。在使用中应注意其毒性对人体的伤害，作业中应保持环境通风。使用氧气、乙炔气、液化石油气进行焊接作业应有适当的防火防爆措施。

二、常见的作业危险

1. 制冷过程的火灾危险性

以氨为制冷剂的制冷压缩设备及系统，其氨压缩机、冷凝器、储液器、蒸发器及附属管道等所在区域及厂房，生产作业过程中具有乙类火灾危险性。运行操作人员经常在厂房内活动，从事设备的正常运行操作和大、中、小各类检修。有时因工作需要，还可能把乙炔和氧气钢瓶置于其中，从而使火灾危险性又有所提高。因此，为了操作和检修人员以及设备的安全，对厂房的耐火等级、防火间距、设备分区和平面及立面布置、消防与疏散通道等均应进行合理的选择和设计。

2. 工艺危险性

制冷与空调作业只存在物理变化过程，无化学反应发生，工艺危险一般是指作业操作的工艺危险性。

（1）冷却

以氨或氟利昂等为工质的制冷系统须用循环水作为介质将被压缩的气相制冷剂不断进行冷却和冷凝，才能保证制冷系统的正常运行。不论是正常操作还是开机调试，制冷系统的冷却介质不能中断，否则会造成积热，可能引起爆炸。系统启动时，应先通冷却介质；停机时，应先停冷媒或机器，后停冷却系统。

（2）加压

操作压力超过大气压时属于加压操作。制冷系统作业过程中须对工质（氨或氟利昂等）加压至常温下可以冷凝的压力。加压后的工质蓄积了大量内能，因此运行中不允许泄漏，否则工质在压力下以高速喷出，产生静电，极易发生燃烧爆炸。制冷系统的压缩机、冷凝器、蒸发器以及管路，应注意耐压等级和气密性，防止易燃有毒制冷剂的泄漏，也要避免压缩机吸气管道因负压过大渗入空气而引发爆炸。

3. 设备危险性

（1）压力容器和气瓶的危险性

存有氨或氟利昂等制冷剂的换热器、冷凝器、储液器等是制冷系统的压力容器，氧气瓶、乙炔气瓶和氨瓶等均具有高压或较高压力。当它们在设计、制造、使用、检修中存在问题或违章操作，或超压运行与超重灌装时，就有可能发生爆炸危险。

（2）起重设备危险性

为检修方便，大型制冷装置的厂房内一般装有电动或手动起重设备，安装检修中小型制冷设备也经常使用简易的起重机械。起重设备若本身有缺陷，使用不当，或指挥操作有误，就会发生挤压、坠落、物体打击和触电等事故。

（3）超高及高处设备危险性

高度在 2 m 以上或安装在离地面 2 m 以上处的设备，属于超高和高处安装设备。在对这些设备进行运行操作和日常维护时，操作和检修人员需要在离地面 2 m 以上登高作业。一般规定离地面 2 m 以上即为高处作业。若高处作业场所未设扶梯、平台、栏杆等防护装置，或个人防护措施不当，则有可能发生高处坠落伤亡事故。

（4）运转设备危险性

制冷设备中的压缩机、泵及搅拌器等属于机械传动设备。若传动机械的外露部位，如传动带和带轮、传动轴和联轴器等，未装防护罩或防护装置损坏和有缺陷，则可对操作和检修人员造成碰撞、挤压、卷入、绞、碾等机械伤害。运行中的传动机械轴封处因泄漏发生制冷剂飞溅，则有可能引发燃烧、中毒和对周围人员的化学性灼烫伤害。

（5）电气设备危险性

制冷系统运行操作人员现场可能接触到的电气设备有电动机、电焊机与电焊工具及电气开关等。这些电气设备若漏电又无接地与漏电保护装置，带电部位损坏暴露而未修复，以及环境潮湿使电气绝缘性能降低等，人员一旦与漏电、带电部位接触就有可能引发触电而导致伤亡事故。

三、职业危害因素

对于制冷空调安装维修作业人员，其职业危害因素分为两类：一类属于化学物质类因素；另一类属于物理类因素。

1. 化学物质类因素

（1）氨中毒

制冷系统中氨用得较多，泄漏后若不发生燃烧爆炸，就有可能被人体吸入，出现咳嗽、憋气、流泪、咽喉肿痛等症状。如吸入氨气体积分数较高，则会出现口唇或指甲青紫、头晕、恶心、呕吐、呼吸困难，甚至死亡。长期少量吸入氨气可引起慢性中毒，引发慢性支气管炎、肺气肿等呼吸系统疾病。使用氮气进行系统置换和试压时，若大量泄漏且被人体吸入，由于周围氧气被氮气（惰性气体）所替代，造成机体组织供氧不足，从而引起头晕、恶心、调节功能紊乱等症状。缺氧严重时可导致昏迷，甚至死亡。

（2）电焊烟尘

在制冷空调设备安装维修过程中，有时不可避免要使用电气焊设备和工具进行电气焊操作，焊接时，电弧放电产生4 000～6 000℃高温，在熔化焊条和焊件的同时，产生了大量的烟尘，其成分主要为氧化铁、氧化锰、二氧化硅、硅酸盐等，烟尘弥漫于作业环境中，极易被吸入肺内，造成电焊工尘肺。

在焊接电弧所产生的高温和强紫外线作用下，弧区周围会产生一氧化碳、氮氧化物等。一氧化碳为无色、无味、无刺激性气体；氮氧化物是有刺激性气味的有毒气体。焊接时产生的这些气体被人吸入时，会对肺组织产生剧烈的刺激与腐蚀作用，引起肺水肿。另外，焊接产生的电弧光有紫外线等。紫外线主要通过光化学作用对人体产生危害，它损伤眼睛及裸露的皮肤，引起角膜结膜炎（电光性眼炎）和皮肤胆红斑症。照射后皮肤有明显的烧灼感。气焊时因气瓶泄漏使检修人员接触高浓度的乙炔也会导致中枢神经抑制。乙炔有类似醉酒的作用，一次大量吸入可引起昏迷，甚至死亡。

(3) 化学腐蚀性伤害

制冷空调设备维修中经常会使用一些化学药品做清洗和处理，例如盐酸和氢氧化钠。盐酸为酸性腐蚀品，氢氧化钠为碱性腐蚀品。盐酸和氢氧化钠若不慎与人体接触，或被吸入与食入，会与皮肤、呼吸与消化器官等发生化学反应，引起脱水或产生高热，从而使机体受到破坏和伤害。液氨若与皮肤接触则会造成严重冻伤。

2. 物理类因素

(1) 燃烧爆炸

燃烧爆炸即化学爆炸。制冷系统厂房内可能发生的燃烧爆炸是由易燃气体（乙炔）或易挥发可燃液体（液氨）大量快速泄漏，与周围空气混合，在延迟点火的情况下，在泄漏点附近形成覆盖范围很大的可燃气体混合物，在引火源作用下而产生的爆炸。

蒸气的爆炸是空间爆炸，爆炸的破坏效应是由火球燃烧和爆炸冲击波引起的。与一般的燃烧或爆炸相比，其破坏范围更大，造成的危害也严重得多。

若误将氧气充入已运行的氨制冷系统进行试压，也会引发可燃混合气体的燃烧爆炸。

(2) 压力爆炸

气体压力爆炸是压缩气体在超过外壳所能承受压力的状态下引起的爆炸，如制冷系统用压缩空气试压时因超压引起的爆炸，压缩气体钢瓶因撞击或受热膨胀引起的爆炸，氨压缩后冷凝引起容器的爆炸等。

气体压力爆炸造成的破坏效应主要表现为空气中形成的爆炸冲击波，强大的冲击波超压会造成多人伤亡和设备及建筑物的毁坏。

（3）蒸气爆炸

液化气体蒸气和过热液体液化气体等物质在容器内处于过热饱和状态，容器一旦破裂，气液平衡被破坏，过热液体就会迅速汽化，此时饱和蒸气连同汽化的过热液体急速向外逸出而引发爆炸。过热液体急速汽化产生大量蒸气，其破坏效应比单纯的气体压力爆炸要大得多。

如果过热液体是水或液体二氧化碳之类的不燃性物质，则蒸气爆炸只限于容器破坏后内容物的喷出。如果过热液体是易燃或可燃的液化气体，由于蒸气爆炸后散发到空气中的可燃性气体和液滴迅速形成蒸气，可着火燃烧并导致空间化学爆炸，爆炸之后还会有巨大的火球悬于空中。氨压缩制冷系统冷凝器、储液器等压力容器的爆炸就属于这一类型。两种类型的爆炸叠加在一起，后果是最为严重的。

3. 其他危害因素

（1）触电

接触电气设备的操作和检修人员在下述两种场合，即设备漏电或在潮湿环境中作业又防护不当时，可能发生触电事故。

手工电弧焊作业人员若操作与防护不当，或违规作业，则有可能发生触电事故并导致人员伤亡。

（2）高处坠落

操作与检修人员在高处作业时，因防护不当或行动不慎坠落而发生的伤亡事故。

（3）起重伤害

检修作业中起吊或平移重物（机器及设备等）时可能发生的挤压、重物坠落和倾倒、物体打击和碰撞等对人员造成的伤害。

（4）机械伤害

如压缩机、泵等转动机械试车及正常运行过程中，其转动外露部位与操作检修人员触碰可能引发的伤害事故。

所以，制冷与空调设备安装维修作业人员，不仅要具备本工种的理论知识与专业技术，还必须掌握和熟悉制冷空调作业环境和工作对象的安全技术要求。

第二节　制冷压缩机的结构特点

制冷压缩机是制冷循环过程中的核心设备。它是把电动机提供的机械能转变成制冷剂蒸气压力能的机械设备。通过制冷压缩机的吸入、压缩、排气、膨胀四个过程，实现制冷剂的连续流动、输送过程，使制冷循环得以连续进行。

一、压缩机的种类

（1）按压缩机的工作原理分，有容积型和速度型两类。容积型压缩机的工作原理是，通过压缩机封闭空间内制冷剂气体容积的缩小，使气体压力提高，来完成气体的压缩和输送过程。容积型压缩机按其运动形式可分为活塞式和回转式两种。活塞式压缩机中的压缩，是通过活塞在汽缸内做往复运动实现的。回转式压缩机中的压缩，是通过转子在汽缸内做旋转运动实现的，其形式主要有螺杆式和滚动转子式两种。

速度型压缩机的工作原理是：高速转动的叶轮使制冷剂气体的流动速度提高，然后通过导向器使气体减速，并将气体的动能转化成压力能，完成气体的压缩和输送过程。速度型压缩机主要有离心式和轴流式两种。

（2）按制冷量分，制冷压缩机可分为小型压缩机（制冷量 <48 kW）、中型压缩机（制冷量为 48 ~ 465 kW）和大型压缩机（制冷量 >465 kW）三种。

（3）根据压缩机结构分，制冷压缩机可分为开启式、封闭式和半封闭式三种。

全封闭式压缩机常用于小型制冷系统中。它具有密封性好、使用安全、性能可靠、不易出故障、噪声小等优点。

半封闭式压缩机的电动机和压缩机安装在同一个铸件机体内，汽缸盖与机身两端面制成可拆卸式，便于操作、检修。

开启式压缩机的电动机通过带轮或联轴器和压缩机连接，并把动力传递给压缩机。这种压缩机常用于大、中型制冷系统。它具有制冷量大，拆装、维修方便等优点，但噪声较大，振动大，制冷剂易泄漏。

（4）根据制冷剂分，制冷压缩机可分为氨制冷压缩机、氟利昂制冷压缩机两种。

二、离心式压缩机与离心式冷水机组

1. 离心式压缩机的结构特点

离心式制冷压缩机是一种速度型旋转式压缩机，主要用于大型制冷空调系统。如图4—1所示，单级离心式制冷压缩机主要包括叶轮、扩压器、蜗壳。其工作原理是：低压制冷剂蒸气进入吸气腔，在叶轮高速旋转的作用下气体沿径向甩出，其速度和压力提高。气体流出叶轮进入扩压器。气体流速减慢，其一部分动能转变为压力能，于是压力升高。最后气体进入蜗壳。蜗壳将扩压器流出的气体汇集起来导出机外，实现压缩机连续吸气、压缩、排气的工作过程。

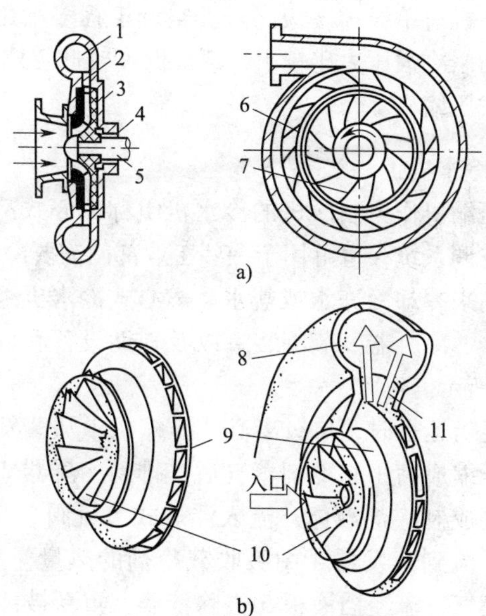

图4—1　单级离心式制冷压缩机

a）压缩机结构　b）叶轮结构

1—蜗壳　2—扩压器　3—叶轮　4—轴封　5—轴　6—扩压器叶片　7—工作叶轮片

8—蜗壳　9—叶轮　10—导流叶片　11—扩散通道

离心式制冷机的制冷循环也是由压缩、冷凝、节流及蒸发四个主要过程组成。但是制冷剂的气体压缩过程是由离心式压缩机来完成的。进入离心式压缩机内的气体在旋转的叶轮作用下跟着叶轮高速旋转，并使气体提高了压力和速度，只要吸入气体的状态保持稳定，气体就会在压缩末端的压力下连续排出。这样就使制冷循环一直保持连续地工作。

离心式压缩机与活塞式压缩机相比，具有结构简单、体积小、质量轻、工作可靠、安全平稳、输气量大、效率高、寿命长的优点。但离心式压缩机吸气量较小时，会出现机壳内压力低于冷凝压力的情况，此时已排出的气体会倒流回压缩机内而形成喘振现象。喘振的发生使机器产生振动，发出噪声，严重时会损坏压缩机。因此，使用时严禁把压缩机的吸气量调节得太小，以避免离心式压缩机喘振现象发生，保证压缩机安全、正常使用。

离心式压缩机有单级和多级之分。空调工程多采用单级离心式压缩机，其排出的制冷剂压力比较小，蒸发温度较低。排气压力较高时，采用多级离心式压缩机。

2. 离心式冷水机组

以离心式压缩机作为制冷机的冷水机组称离心式冷水机组。它常用于大、中型空调系统，也可用于一些工业部门需要冷却的工艺流程。这种机组主要用来冷却冷冻水或盐水。离心式冷水机组系统由离心式压缩机、蒸发器、冷凝器、节流装置以及辅助设备和自动控制系统组成，如图 4—2 所示。

离心冷水机组运行时，单级离心式压缩机 1 从蒸发器 4 中抽吸制冷剂蒸气，并压缩成高压制冷剂蒸气后，排到冷凝器 2 中，由冷凝器中的冷却水冷凝成制冷剂液体，流入浮球式节流阀 3，经浮球式节流阀节流降压后，流到蒸发器 4 中吸收载冷剂的热量，使其温度下降。制冷剂蒸发成蒸气，流经挡液板 5 去除液滴，重新被离心式压缩机吸入，实现连续制冷循环。

离心式制冷循环除四大基本部件之外，为保证制冷机安全可靠的运行和适应冷负荷的变化，制冷机还包括下列辅助系统：

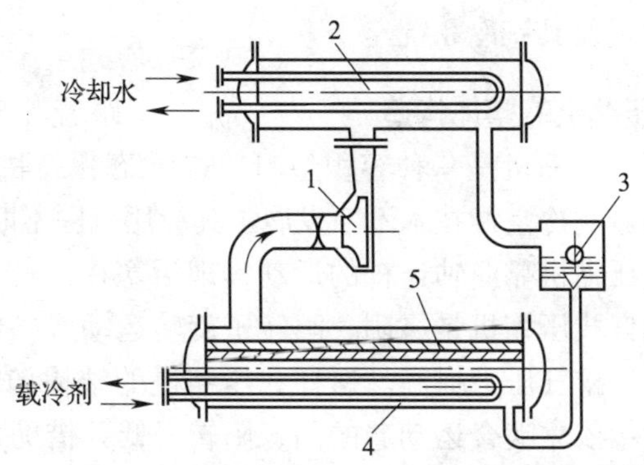

图 4—2　单级离心式制冷装置的制冷循环

1—单级离心式制冷压缩机　2—冷凝器　3—浮球式节流阀　4—蒸发器　5—挡液板

（1）密封润滑系统。这一系统一般包括油箱、油泵、油过滤器、油冷却器、油加热器以及油压调压阀及相应的管路系统。

（2）抽气回收装置。主要是开车前抽真空及正常运行中排除不凝性气体。

（3）自动安全保护系统。压缩机安全启动和安全运行的自动控制和压力温度保护。

（4）调节装置。主要目的是满足负荷变化需要，自动调节制冷量，对于小型离心式制冷机组通常用入口导流叶片调节器来调节制冷量。

离心式冷水机组结构紧凑，占地面积小，制冷量大。随着新离心式制冷压缩机技术的引进，离心式冷水机组在噪声、重量、自动控制和安全可靠性等方面都有了明显改善，节能也更显著。但是，在使用过程中应注意使压缩机运动摩擦部位在运行过程中得到充足的润滑、冷却，以免因油温过高和润滑效果差导致烧坏设备。离心式压缩机启动时，温度调节器的温度设定不能立刻调到所要达到的温度。因为此时冷媒水温度与设定值温差较大，会导致进口导流叶片全部开启，压缩机会在高蒸发压力下满载启动，使电动机过载或冷凝压力过高，发生喘振，对压缩机产生危害。另外，要及时排出不凝性气体，保证排气压力在正常范围内。

三、螺杆压缩机及其制冷系统

1. 螺杆压缩机的整体构造

螺杆式制冷压缩机是一种容积型回转式压缩机，常用于大、中型制冷系统。随着制冷空调技术不断发展，其应用范围不断扩大。

与活塞式压缩机靠曲轴连杆的运动实现活塞在汽缸内的往复直线运动不同，螺杆式压缩机是靠阴、阳转子旋转运动直接使汽缸工作容积发生变化，使排气压力提高。螺杆式压缩机的结构如图 4—3 所示。其工作原理是：依靠啮合运动着的阴、阳转子，并借助包围这一对转子的机壳内壁构成一定的空间（称为基圆容积），基圆容积的大小和位置随转子的旋转而变化，最终完成气体的吸入、压缩和排出。螺杆式压缩机通过装在其下部的卸载滑阀的滑动，改变转子的有效工作长度，实现排气量的无级调节，达到调节制冷量的目的。这种能量调节范围可达 10% ~100%。压缩机启动时，可以实现近似空载启动。这可以排除实际操作中的带压运行给压缩机设备和制冷系统带来的不安全性，减少设备事故的发生。

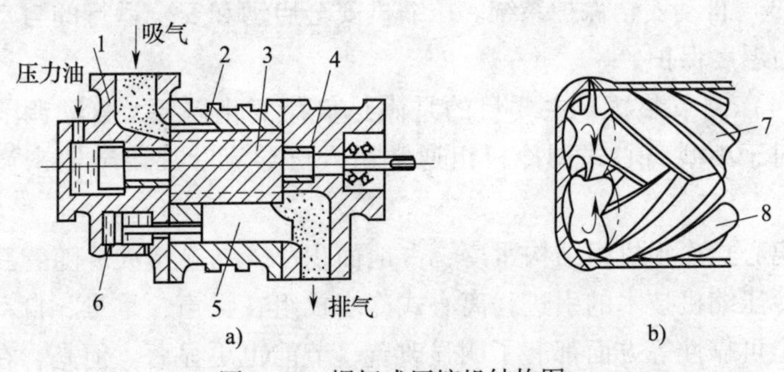

图 4—3 螺杆式压缩机结构图

1—吸气端座 2—机体 3—转子 4—排气端座 5—调节滑阀 6—能量调节活塞 7—阴转子 8—阳转子

螺杆式压缩机工作过程如图 4—4 所示。

螺杆式压缩机中压力油向汽缸内喷油，对螺杆进行润滑、冷却，同时降低排气温度。这样不仅能够提高运动部件的使用寿命，也能使压缩机在较高的压力下运行，保证压缩机的安全使用。

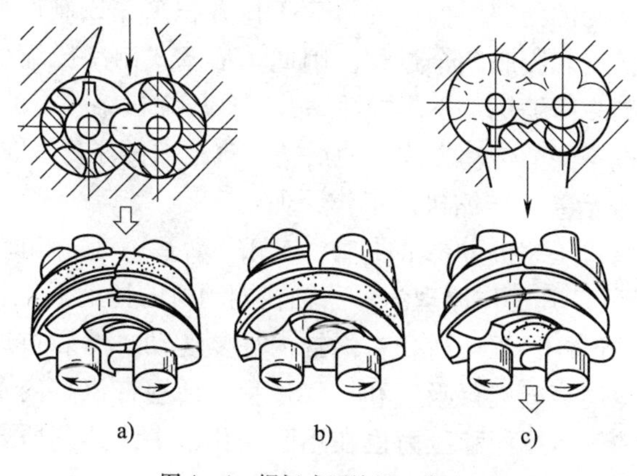

图4—4　螺杆式压缩机工作过程

a）吸入　b）压缩　c）排气

2. 螺杆式制冷压缩机的能量调节

和活塞式制冷压缩机一样，螺杆式压缩机也是通过调节排气量来调节制冷量的。能量的调节依靠滑阀来实现。

滑阀安装在排气一侧，靠近转子的一面，与汽缸内表面形状一样，因而它是汽缸组成的一部分，滑阀的下部和机座相贴合，并能沿汽缸轴线方向来回移动。滑阀的移动由活塞带动，当活塞左侧进油右侧放油时，活塞向右移动。而当左侧放油右侧进油时，活塞向左移动，从而使活塞和滑阀同步位移，当进出油门关闭时，滑阀则固定在某一位置，压缩机即在某一排气量下工作。

能量调节主要与转子的有效工作长度有关，能量调节的过程实际上是转子的有效工作长度的缩短延长，因而螺杆式压缩机的能量可在10% ~100%之间无级调节，同时兼有卸载启动的作用。能量调节可通过调节指示器的指针，指示出能量的调节结果。

四、活塞式压缩机及其制冷系统

1. 活塞式压缩机整体构造

目前，在中小型制冷系统中应用最广的是活塞式制冷压缩机。活塞式制冷压缩机的种类很多，它们的相同点都是靠汽缸、气阀和在汽缸中做往复运动的活塞所构成的可变工作容积来完成制冷剂蒸气的吸入、压缩、排气和膨胀四个过程。因此，活塞式制冷压缩机也可称为往复活塞式制冷压缩机。不同的活塞式制冷压缩机结构上的区别在于，其原动力通过不同的传动方式，使活塞在汽缸内做往复直线运动。

（1）往复活塞式压缩机的工作原理

往复活塞式压缩机主要由曲轴、连杆、活塞、汽缸和阀片等组成，如图 4—5 所示。其工作原理为，曲轴在电动机的拖动下旋转，通过套装在曲轴上的连杆，驱动活塞在汽缸内往复运动，然后再通过吸排气阀片组对制冷剂蒸气进行吸气和排气过程。活塞在汽缸内不断往复运动，汽缸内的气体体积和压力也在不断变化，最终达到所要求的排气压力。

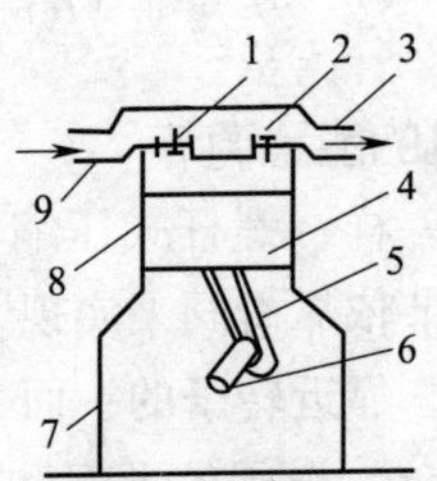

图 4—5　往复活塞式压缩机结构示意图

1—吸气阀　2—排气阀　3—排气管　4—活塞　5—连杆
6—曲轴　7—曲轴箱　8—汽缸　9—吸气管

（2）活塞式压缩机种类

往复活塞式压缩机主要有曲轴连杆式、曲柄滑管式和斜盘式。

曲轴连杆式压缩机在大、中、小型制冷系统中普遍适用。它的结构设计合理，技术工艺成熟、完善，便于操作、维修、管理，而且使用安全可靠，寿命长，小型全封闭式曲轴连杆式压缩机如图 4—6 所示。中型开启式曲轴连杆式压缩机如图 4—7 所示。图中曲轴是组成活塞式压缩机的重要运动部件，其作用是传递电动机的动力，并带动连杆改变动力方向。由于曲轴在运转中承受着扭转和交变的弯曲应力。因此，在使用中注意荷载不能过大，避免气体压力对压缩机安全带来不利影响。应选用能保证足够力学强度和耐磨性能好的材料制造曲轴。

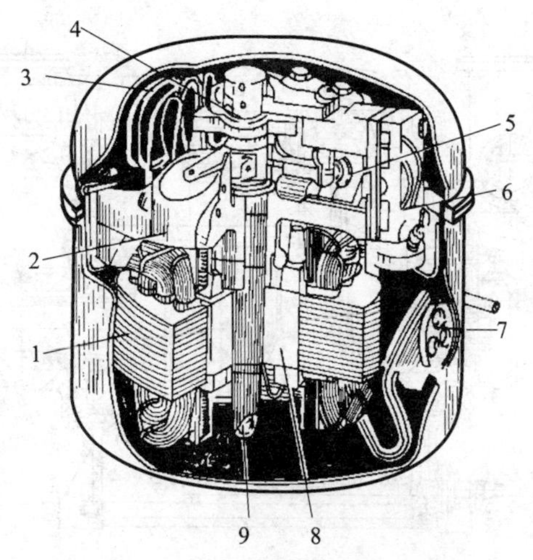

图 4—6　曲轴连杆活塞式压缩机

1—电动机定子　2—机体　3—排气避振管　4—曲轴　5—活塞
6—排气阀组　7—引线柱　8—电动机转子　9—吸油嘴

如图 4—7 所示，连杆是连接曲轴和活塞的主要部件。其作用是将曲轴的旋转运动转变为活塞的直线运动。由于曲轴旋转时，连杆承受着气体的压力和运动方向交替改变的惯性力，为了使用安全、可靠，应选用优质碳素钢或铝合金等材料制造。活塞是在汽缸内做往复运动，对汽缸内气体进行压缩的圆筒形部件，一般由顶部、环部、裙部和销座组成，如图 4—8 所示。汽缸如图 4—9 所示。汽缸两边分别是低压腔和高压腔。低压腔连接吸气口，高压腔连接排气口。缸盖内分割成吸气室与排气室。活塞快速往复运动与汽缸产生摩擦，因此，为提高汽缸的使用寿命及安全可靠性，应选用耐磨材料，并且加工成精度很高的光滑圆柱形表面。同时要保证良好的润滑，避免制冷剂泄漏和卡缸现象的发生。气阀如图 4—10 所示。气阀由阀座、弹簧、升程限制器组成。它控制进出汽缸气体的流向，并控制汽缸中所要完成的吸气、压缩、排气和膨胀过程。由于阀片开启、关闭频繁，应选用弹性好的材料制成。它直接关系到压缩机能否正常工作，能否保证正常的制冷能力，能否经济、安全运行。

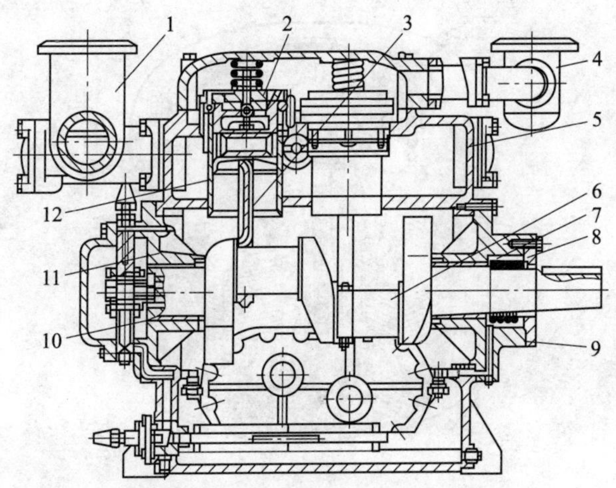

图 4—7　8FS10 型压缩机的总体结构图

1—吸气管　2—假盖　3—连杆　4—排气管　5—汽缸体　6—曲轴
7—前轴承　8—轴封　9—前轴承盖　10—后轴承　11—后轴承盖　12—活塞

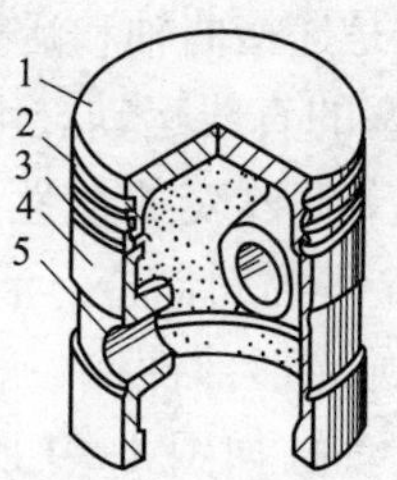

图 4—8　活塞

1—顶部　2—气环槽　3—油环槽　4—裙部　5—销座

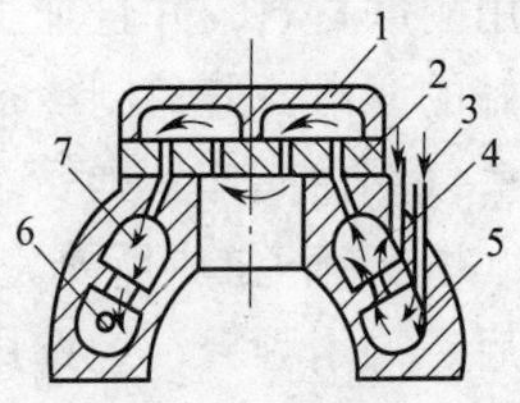

图 4—9　汽缸的外形与剖面结构

1—缸盖　2—阀板　3—吸气口　4—进气消声腔
5—缸体　6—排气口　7—排气消声腔

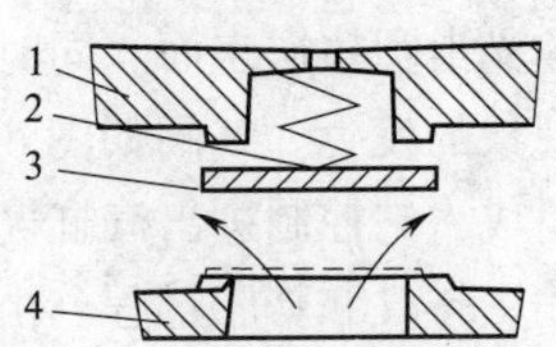

图 4—10　气阀

1—升程限制器　2—弹簧
3—阀片　4—阀座

曲柄滑管式与曲轴连杆式压缩机相比其结构更加简单，区别在于它们曲轴的形式不同。曲柄滑管式压缩机由于曲柄不能承受较大的力，因此只能用于全封闭式制冷压缩机中。

第三节　制冷空调设备运行作业的安全维护

一、氨压缩机运行中的维护

1. 润滑系统

新系列压缩机的油压比曲轴箱内气体压力高 0.15～0.3 MPa，其他低转速压缩机的油压应为 0.05～0.15 MPa。

正确地调整油压是正常维护、安全运行的关键。油压过低，输油减少，容易引起各摩擦部件的严重磨损；油压过高，机器耗油量加大，而且容易引起油击敲缸事故。如果油分离效果不好，油会随高压气体进入冷凝器，影响冷凝效果。

曲轴箱内的油面应保持在单视孔的 1/2～2/3，对于双视孔，应在下视孔的 2/3 到上视孔的 1/2 范围内。

油温一般要保持在 4～60℃范围内，最高不宜超过 70℃，密封器的正常滴油量应为 1～2 滴/min，且不应有漏氨现象。

2. 设备部件温度

（1）压缩机机体不应有局部发热现象，安全阀的连接管也不应发热。

（2）轴承温度不应过高，应在 35～60℃范围内，不应超过室温 30℃。

（3）密封器温度不应超过 70℃。

（4）冷却水套进、出水温差为 5～10℃，最多不可超过 15℃。

（5）正常运转中，压缩机吸气阀部分应结有干霜，如果吸气温度下降很快，并有“哈气”现象，是压缩机湿行程的征兆，应及时注意。若吸气温度高于 0℃，吸气阀部位没有干霜。

3. 系统工况

（1）压缩机吸气温度应比蒸发温度高 5～10℃，且吸气温度应与蒸发压力相适应。

（2）蒸发温度应比库房温度低5～10℃。

（3）压缩机的排气温度，一般国产系列单级机在80～150℃范围内，氨双级机排气温度在80～110℃范围内。

4. 机器运转的声音

（1）气缸中应无任何敲击声及其他异常噪声。压缩机在运转中进、排气阀片应发出上、下起落的清晰声音。气缸与活塞、活塞销、连杆轴承以及安全盖等部件都不应有敲击声。

（2）曲轴箱中应无敲击声，这表明主轴承与杆轴承的间隙适当，也表明轴承供油合乎要求。

5. 辅助设备正常维护的标志

（1）冷凝器的冷凝压力不应过高，不得超过1.5 MPa；供水量充足，水质良好，且布水均匀。进、出水温差为1.5～3℃，冷凝温度一般比出水温度高3～5℃。冷凝压力应与冷凝温度相适应。卧式壳管式冷凝器，冷凝器的顶部应温热，底部仅稍温，而液体部分应稍凉。

（2）油氨分离器，在正常工作中，下部温度应稍温，说明下部有足够氨液，分油正常。

（3）高压储液筒的液面要相对稳定，波动面在40%～60%范围内。液面最低不低于其径向高度的30%，最高不高于80%。

（4）膨胀阀的开启度应适当，其大小要根据库房热负荷的大小、高压储液筒的液面、低压循环储液筒或氨液分离器的液面变化，并根据机器的回气压力、温度等情况适当调节。若用浮球阀和远距离液位控制器控制液位，应注意其工作是否失灵。

（5）蒸发器在蒸发温度低于0℃时应均匀结霜，在蒸发温度高于0℃时，应不断有凝结水滴下。

（6）各自动控制元件动作应灵敏可靠，并按装置的工况进行正常的调节，安全阀应可靠，安全阀与管路间的截止阀，应确保处于开启状态。

（7）压力表的指针动作应稳定和均匀，不应剧烈抖动。温度表的指示要正确。压缩机的吸、排气温度表在插座中应充注冷冻油，否则会影响其准确性。

（8）制冷装置各部分均不应泄漏，并应保持清洁，没有油迹。

（9）氨泵供液时，低压循环储液筒的液面应保持在筒高的30%左右。氨泵排出压力正常情况下一般比吸入压力高0.05～0.15 MPa，电流和声音都应正常。

（10）重力供液时，氨液分离器的液面应保持在金属指示器或油面指示器的40%左右，油面相对稳定。

（11）冷风机的风机轴承不发热，运转声音和运转电流正常，排管表面应均匀地布满干霜。

（12）设备管路阀门不应有漏氨现象。

二、氟利昂制冷设备运行中的维护

（1）采用R12制冷剂的最高排气温度不应超过130℃，采用R22制冷剂的最高排气温度不应超过150℃。

（2）正常运行中压缩机的油压应比曲轴箱内气体压力高0.15～0.3 MPa。

（3）曲轴箱内的油面，单视孔时应在1/3～2/3范围内，双视孔时应保持在下视孔的2/3到上视孔的1/2范围内，且油温不得超过70℃。

（4）机体不应有局部非正常的温升。曲轴箱和油泵温度不应过高。

（5）温度控制器应能按设定值开机或停机。

（6）热力膨胀阀内制冷剂应正常流通，无阻塞现象，它的出口端在蒸发温度低于0℃的系统中应均匀结霜。

（7）油分离器装有自动回油装置的，应能自动回油。

（8）氟储液器中的液位，不得低于其直径高度的30%，不得高于80%。

（9）对于制冷系统中可能满液的管路和容器，严禁同时关闭管路两端的阀门或同时关闭容器上所有的阀门，以防止阀门、管路和容器受压炸裂。

（10）冷风机单独用水冲霜时，严禁压缩机和风机同时工作。

（11）制冷系统中的空气和不凝性气体，可从高压部分直接放出。

（12）热氟融霜时，R12 制冷剂进入蒸发器前的压力不得超过 0.6 MPa，R22 制冷剂进入蒸发器前的压力不得超过 0.8 MPa。

（13）严禁从设备中直接放油。

（14）电磁阀开启时，线圈外壳应温热，动作时应能听到阀芯落在阀座上的声音。工作正常的供液电磁阀阀体不应有结霜现象，否则说明有堵塞。液管上的干燥器和过滤器不应有结霜、结露或较冷的现象。如有上述现象发生，表明有堵塞，需要更换干燥剂。

第四节　以溴化锂为介质的压缩机运行作业安全技术

一、以溴化锂为介质的制冷系统整体组成

蒸气压缩式制冷系统主要消耗机械能（电能），吸收式制冷系统则消耗热能。溴化锂吸收式制冷循环以水为制冷剂，溴化锂溶液为吸收剂，蒸发温度较高，适用于空调。

吸收式制冷循环工作原理如图 4—11 所示。它是由发生器、吸收器、冷凝器、蒸发器以及溶液泵、节流器等组成的。它通常需要使用由高沸点的吸收剂和低沸点的制冷剂混合组成的工质对。

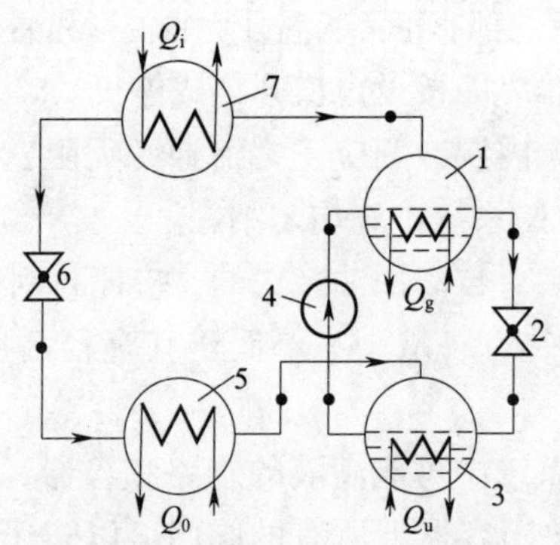

图 4—11　吸收式制冷循环工作原理图

1—发生器　2—吸收剂节流器　3—吸收器　4—溶剂泵　5—蒸发器　6—制冷剂节流器　7—冷凝器

吸收式制冷循环的工作过程是：利用热源（蒸汽、燃气及热水等）加热发生器 1 中的由溶液泵 4 从吸收器 3 输送来的具有一定溶质质量分数的溶液，并使溶液中的大部分低沸点制冷剂蒸发出来而输送到冷凝器 7 中，被冷却介质冷却为液体，再经制冷剂节流器 6 降压到蒸发压力。制冷剂经节流后进入蒸发器 5 中汽化吸收被冷却对象中的热量，成为蒸发压力下的低压制冷剂蒸气。在发生器 1 中经发生过程剩余的溶液（吸收剂以及少量未蒸发的制冷剂）经吸收剂节流器 2 降至蒸发压力进入吸收器 3 中，与从蒸发器 5 来的制冷剂低压蒸气相混合，并吸收制冷剂低压蒸气而恢复溶液原来的溶质质量分数。吸收过程往往是一个放热过程，故需在吸收器中用冷却水来冷却混合溶液。在吸收器中溶质质量分数恢复后的溶液，再经溶剂泵 4 升压后送入发生器中继续循环。

吸收式制冷循环也包括高压制冷剂蒸气的冷凝过程，制冷剂液体的节流过程及其在低压下的蒸发过程。这些过程同压缩式制冷循环相似。所不同的是后者依靠压缩机的作用使低压制冷剂蒸气压缩为高压蒸气，而吸收式制冷机则是依靠发生器—吸收器组来完成这个过程。发生器—吸收器组起着“压缩机”的作用，故称为“热化学压缩器”。

吸收式制冷循环由一个制冷剂逆向循环和一个发生器—吸收器组正向循环组成。循环的构成如图 4—12 所示。图中吸收式制冷循环 $\lg p$—h 图表示制冷剂逆循环，其中 1—2 为制冷剂蒸气在发生器—吸收器组中的升压过程；p—h 图中 5—6—7—8—5 表示正循环，其中 5—6 和 7—8 分别表示溶液泵的升压过程和吸收液的节流过程；6—7 和 8—5 分别表示发生过程和吸收过程。后两个过程中发生的制冷剂蒸气及被吸收的制冷剂蒸气分别用 $\lg p$—h 图上的点 2 和点 1 表示。另外，2—3 为制冷剂的冷却冷凝过程；3—4 为制冷剂的节流过程；4—1 为制冷剂的汽化吸热过程。

吸收式制冷典型系统有蒸气型单效溴冷机、双效溴冷机和直燃型溴冷机等。下面分别介绍三种溴冷机的工作原理。

1. 蒸气型单效溴冷机

蒸气型单效溴冷机工作原理如图 4—13 所示。

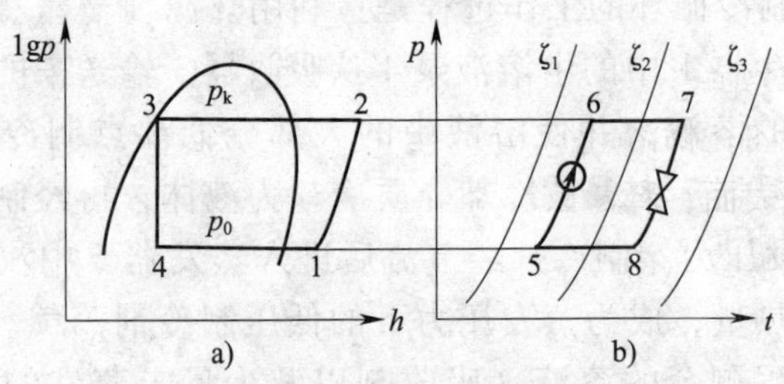

图 4—12　吸收式制冷循环

a）lg$p$—h 图　b）p—h 图

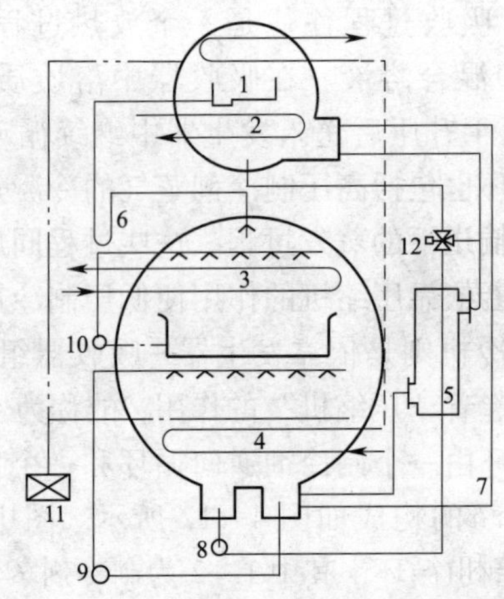

图 4—13　蒸气型单效溴冷机工作原理图

1—冷凝器　2—发生器　3—蒸发器　4—吸收器　5—热交换器
6—U 形节流管　7—防结晶管　8—发生器泵　9—吸收器泵
10—蒸发器泵　11—抽真空装置　12—溶液三通阀

（1）发生过程

发生器泵 8 汲取吸收器 4 内的溴化锂溶液，经热交换器 5 被高温浓溶液加热升温后，送至发生器 2 内。发生器内稀溶液被通过发生器管簇内的蒸汽加热，温度继续升高，并在发生器内沸腾，冷剂水不断从稀溶液中以水蒸气形式逸出。溴化锂溶液浓缩，溶液的溶质质量分数逐渐增加。对于单效溴冷机，质量分数控制在 3.5% ~6% 范围内。这一溶液溶质质量分数的变化范围，称为放气范围（也称质量分数差）。放气范围是溴冷机运转的经济性能指标。

（2）冷凝过程

在发生器内，稀溶液中析出的冷剂水蒸气进入冷凝器中，淋洒在冷凝器管簇外表面，释放出凝结热，凝结为冷剂水。凝结热被流经管簇内的冷却水吸收，由冷却水携带排至制冷系统外。

（3）节流过程

冷凝过程中产生的冷剂水，通过 U 形管节流进入蒸发器。U 形管不仅起到控制冷剂水流量和维持上下筒压力差的作用，而且还起到一定的水封作用，防止上下筒压力串通破坏上下筒之间压力差，而影响制冷剂蒸发和吸收。

（4）蒸发过程

进入蒸发器内的冷剂水，由于压力急剧下降，一部分闪发使温度降低。尚未闪发的冷剂水经蒸发器管簇外表面向下聚积至蒸发器水盘内，由蒸发器泵 10 输送喷淋在蒸发器管簇外表面上，吸收通过蒸发器管簇内载冷剂的热量蒸发为制冷剂蒸气，进入吸收器 4。蒸发器内被冷却的载冷剂，由载冷剂泵送至使用低温水降温去湿的空气调节室，达到制冷的目的。

（5）吸收过程

发生器内的稀溶液由于放出冷剂蒸气而形成温度较高的浓溶液，依靠上下筒的压力差和溶液本身的重量，流经热交换器，被低温稀溶液吸热降温，进入吸收器 4，与吸收器中的溶液混合成中间质量分数溶液，再由吸收器泵 9 输送并喷淋到吸收器管簇外，吸收从蒸发器蒸发出来的冷剂蒸气后降低溶液质量分数成为稀溶液。吸收过程中放出的吸收热，被通过吸收器管簇内的冷却水吸收后带到制冷系统外。

稀溶液再次经发生器泵送入发生器，溴化锂溶液进入第二个制冷循环。

2．蒸气型双效溴冷机

蒸气型双效溴冷机工作原理如图 4—14 所示。双效溴冷机吸收器 5 中的稀溶液由发生器泵 9 分为两路分别输送至高温热交换器 6 和低温热交换器 7。进入高温热交换器的稀溶液，被从高压发生器 1 流出的高温浓溶液加热升温后，进入高压发生器。而进入低温换热器的稀溶液被从低压发生器 3 流出的浓溶液加热升温后，再经凝水回热器 8 继续升温，然后进入低压发生器 3。

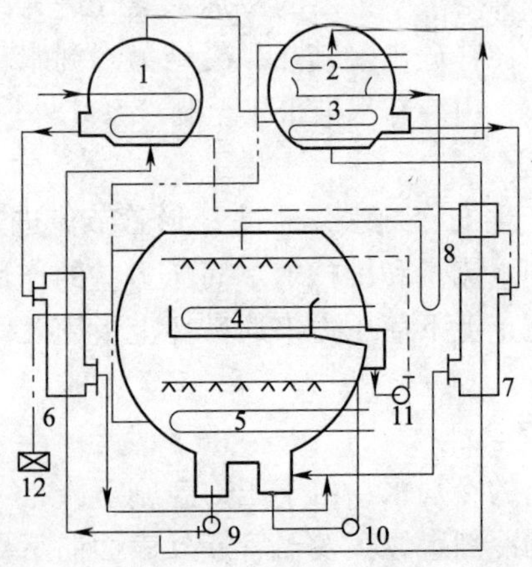

图 4—14　蒸气型双效溴冷机工作原理图

1—高压发生器　2—冷凝器　3—低压发生器　4—蒸发器　5—吸收器　6—高温热交换器　7—低温热交换器　8—凝水回热器　9—发生器泵　10—吸收器泵　11—蒸发器泵　12—抽真空装置

进入高压蒸发器的稀溶液，被工作蒸汽加热沸腾成为高温冷剂蒸气，导入低压发生器加热低压发生器中的稀溶液，经节流进入冷凝器 2，冷却凝结为冷剂水。进入低压发生器的稀溶液，被高压发生器产生的高温冷剂蒸气加热所产生的低温冷剂蒸气直接进入冷凝器，同样冷凝为冷剂水。高、低压发生器产生的冷剂水汇合于冷凝器集水盘中，混合后导入蒸发器 4 中。

加热高压发生器中稀溶液的工作蒸汽的凝结水，经凝水回热器进入凝水管路。而高压发生器中的稀溶液因被加热而蒸发出冷剂蒸气，质量分数升高成为浓溶液，又经高温热交换器导入吸收器 5。低压发生器中的稀溶液被加热升温后放出冷剂蒸气，也成为浓溶液，再经低温热交换器进入吸收器。浓溶液与吸收器中原有溶液混合成中间质量分数溶液，由吸收器泵输送到喷淋系统，喷洒在吸收器管簇外表面，吸收来自蒸发器 4 蒸发出来的冷剂蒸气，再次成为稀溶液而进入下一次循环。吸收过程所产生的吸收热被冷却水带到制冷系统外。

高、低压发生器所产生的冷剂蒸气凝结在冷凝器管簇外表面上，流经管簇里的冷却水吸收凝结过程产生的凝结热，带到系统外。凝结后的冷剂水汇集在一起，经节流装置淋洒在蒸发器管簇外表面上，因蒸发器内压力低，部分冷剂水闪发吸收冷媒水热量，产生部分制冷效应。尚未蒸发的大部分冷剂水由蒸发器泵 11 喷淋在蒸发器管簇外表面，吸收通过管簇内冷媒水的热量，蒸发为冷剂蒸气进入吸收器。冷媒水的热量被吸收，水温降低，达到制冷目的。

3. 直燃型溴冷机冷、热水循环

直燃型溴冷机冷、热水循环工作原理如图 4—15 所示。直燃型溴冷机不用蒸汽热源，采用燃气或燃油直接加热溴化锂溶液，工作效率高。冷、热水机组将高压发生器改为直燃式，其他部分与双效溴冷机相同。由于制成冷、热水机组，可用于制冷和采暖。

冷、热水循环的制冷过程与双效溴冷机相同。采暖时，关闭蒸发器制冷剂水和冷媒水进水管上的阀门，蒸发器泵和冷媒水泵停止运行。冷凝器中凝结的制冷剂水进入低压发生器将浓溶液稀释，溶液泵和冷却水泵继续运行，冷却水回路切换为热水回路。

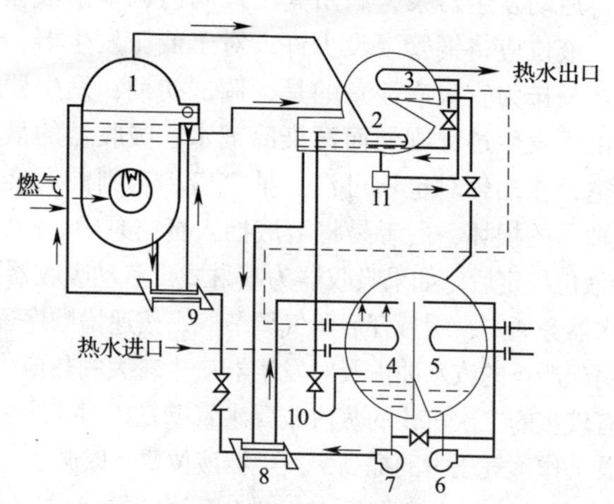

图 4—15　直燃型溴冷机冷、热水循环工作原理图

1—高压发生器　2—低压发生器　3—冷凝器　4—吸收器　5—蒸发器　6—蒸发器泵　7—溶液泵　8—低温热交换器　9—高温热交换器　10—U 形节流管　11—疏水器

吸收器出来的稀溶液由溶液泵输送，经低温热交换器和高温热交换器加热后进入高压发生器，被燃气直接加热，产生冷剂蒸气。浓缩后的溶液，经高温热交换器冷却进入低压发生器，被管内来自高压发生器的冷剂蒸气加热，再次产生冷剂蒸气成为浓溶液。低压发生器中产生的冷剂蒸气进入冷凝器加热管内的热水。低压发生器中的浓溶液被低压发生器加热管内和冷凝器中的凝结水稀释为稀溶液，经低温热交换器冷却后进入吸收器，喷淋在吸收器管簇上，预热管内流动的热水。预热后的热水进入冷凝器被加热，温度升高成为供暖用水。吸收器内的稀溶液又送往高压发生器再次循环。

二、溴化锂吸收式机组的安全操作

1. 蒸气型溴化锂吸收式机组安全运行操作

（1）冷却水泵和冷水泵出口阀门要处于关闭状态；分别启动冷却水泵和冷水泵，慢慢打开泵的出口阀门，并按工况要求将水量调整至额定值。

（2）机组对外（大气）的所有取样、进液、测压以及抽气阀均处于关闭状态。启动发生器泵，利用其出口阀门调节溶液循环量：对于高压发生器，液位应将铜管浸没少许；对于低压发生器，以传热管露出液面半排至一排为宜。应注意的是，调试初期，发生器液位应适当低些，以免由于发生过程剧烈而污染冷剂水。吸收器的最低液位应使溶液泵不吸空，在抽气时也不可没过抽气管，否则前者会造成屏蔽泵气蚀和石墨轴承的损坏，后者易将溶液抽入真空泵中。

（3）当液位稳定后，如果吸收器为喷淋式，启动吸收器泵使其喷淋；打开机组疏水器旁通阀；缓慢开启蒸气调节阀，按递增顺序逐步提高蒸气压力，以免引起严重的汽水冲击及对发生器产生较大的热应力。当发现凝结水管道中有较多的二次汽化的蒸汽或凝水管壁发烫时，应关闭疏水器旁通阀门。随着工作蒸气压力的提高，发生器液位要予以调整。

（4）蒸发器的冷剂水充足后（一般以蒸发器视镜浸没且水位上升速度较快为准），启动冷剂泵，调整泵出口的喷淋阀门使被吸收掉的蒸气与从冷凝器流下来的冷剂水相平衡。

（5）启动真空泵，抽出残余的不凝性气体。抽气要充分利用自动抽气装置。

（6）溶液质量分数的调整和工况的初测，应利用浓缩（或稀释）溶液和调整溶液循环量的方法来控制进入发生器的稀溶液的溶质质量分数和回到吸收器浓溶液的溶质质量分数。可通过从蒸发器向外抽取冷剂水或向内注入冷剂水的方法，调整灌入机组的原始溶液的溶质质量分数。

（7）调试过程中的工况测试。当初测的结果已接近标定工况值时，可以进行正式工况测试。测试内容是吸收器和冷凝器进、出水温度和流量；冷水进、出水温度和水量；工作蒸气进口压力、流量以及进、出口温度；冷剂水密度；冷剂系统各点温度；吸收剂系统各点溶液温度；发生器进、出口稀溶液、浓溶液以及吸收液的溶质质量分数。

2. 运行安全管理

（1）溶液循环量的调整

机组运行后，在外界条件如加热蒸汽压力、冷却水进口温度和流量、冷媒水出口温度和流量基本稳定时，应对高、低压发生器的溶液量进行调整，以获得较好的运转效率。溶液循环量小，不仅影响机组工况，而且可能因发生器放气范围过大，浓溶液溶质质量分数偏高，产生结晶影响机组正常运行。反之，溶液循环量大也会降低制冷量，严重时会出现因发生器液位过高而污染冷剂水的现象。因此，要调节好溶液的循环量，使溶液溶质质量分数处于设定范围，保证良好的吸收效果。

（2）测定溶液的溶质质量分数

在机组运行中，为分析机组运行情况，需测定溶液的溶质质量分数。测定稀溶液溶质质量分数时，打开发生器泵出口的取样阀，可用量筒直接取样。测定高、低压发生器出口浓溶液时，由于取样部位处于真空状态，必须使用专用取样器，而且应先将取样器抽真空再取样。

通常高、低压发生器的放气范围为3.5%～5.5%。放气范围偏小时，可关小阀门减少进入发生器的循环量；放气范围偏大时，则应开大阀门，增加进入发生器的溶液循环量。溶液的溶质质量分数的调整，在低负荷时，高压发生器出口溶液的溶质质量分数应为60%，低压发生器出口溶液的溶质质量分数为60.5%，稀溶液的溶质质量分数为56%。高负荷时，高压发生器出口溶液的溶质质量分数应为62%，低压发生器出口溶液的溶质质量分数应为62.5%，稀溶液的溶质质量分数应为58%。

（3）测定冷剂水密度

冷剂水的密度是机组正常运行的重要指标之一。由于冷剂水泵的扬程较低，即使关闭冷剂水泵的出口阀门，仍无法从取样阀直接取样，应利用取样器，通过抽真空取出。抽出冷剂水后，用密度计直接测定密度。机组正常运行时，冷剂水的密度一般小于1.02 kg/m³。若取出的冷剂水密度大于1.04 kg/m³，说明已被污染，应进行冷剂水再生处理，并排除污染原因。

冷剂水再生处理时，应关闭冷剂泵出口阀，打开冷剂水旁通阀，使蒸发器液囊里的冷剂水全部旁通入吸收器，冷剂水旁通后，关闭旁通阀，停止冷剂泵，冷剂水重新在冷剂水液囊里聚集到一定量后，再重新启动冷剂泵。如果一次旁通不理想，可重复2~3次，直到冷剂水密度合格为止。

若蒸发器内的冷剂水量偏小，要补充冷剂水时，应注意冷剂水的水质，不能随便加入自来水。冷剂水的水质应符合表4—1的要求。

表4—1　冷剂水水质要求

项目	pH	硬度（Ca^{2+}、Mg^{2+}）	油分	Cl^-	SO_4^{2-}	Na^+、K^+	Fe^{2+}	NH_4^+	Ca^{2+}
允许值	7	质量分数小于20×10^{-6}	0	质量分数小于20×10^{-6}	质量分数小于50×10^{-6}	质量分数小于50×10^{-6}	质量分数小于5×10^{-6}	少	质量分数小于50×10^{-6}

（4）及时抽取不凝性气体

由于溴化锂吸收式机组在真空中运行，蒸发器和吸收器中的绝对压力很低，外界空气容易渗入，即使是少量不凝性气体，也会大大降低机组制冷量。为了及时抽除漏入系统的空气及系统内因腐蚀而产生的不凝性气体，机组中均装有一套专门的自动抽气装置。

（5）防止结晶

当溶液溶质质量分数过高或温度过低时，溶液会产生结晶，堵塞管道，破坏机组正常运行。操作中要经常检查防晶管的发热情况，判断机组性能的下降是否是由结晶引起的。

（6）溶液管理

机组在运行初期，溶液中的铬酸锂的质量分数因生成保护膜而逐渐下降。当铬酸锂的质量分数低于0.1%时，应添加到0.2%～0.3%。溶液的pH值应保持为9.5～10.5。pH值过高，可用氢溴酸调整；pH值过低，可以用氢氧化锂调整。为了提高溴化锂吸收式机组的性能，运行的机组都应加入辛醇。而在机组运行较长时间后，辛醇会随不凝性气体排出机组外，使辛醇量减小，影响机组性能。因此，机组制冷量下降时，应考虑是否酌情添加辛醇。辛醇质量分数应保持为0.1%～0.3%。

（7）屏蔽泵管理

屏蔽泵是溴化锂吸收式机组的心脏，要经常检查屏蔽泵的工作电流、泵壳温度及冷却管温度，并检查屏蔽泵工作有无异常声响。当泵壳温度高于80℃时，应停止运行，检查屏蔽泵冷却管中滤网是否堵塞，查找引起屏蔽泵温度过高的原因。

（8）真空泵管理

真空泵在运行中，应注意真空泵油的状况，若油中已含有水汽产生乳化现象，应及时更换。真空泵工作时，油温不应超过70℃。要定期检查真空泵的可靠性和密封性。使用真空泵抽气，打开抽气阀前，应先使真空泵运转1 min。抽气完毕，关闭抽气阀后，方能停止真空泵运行，然后让阻油器通大气，以免再次启动时将真空泵油吸入机组内。真空泵的启动须在启动发生泵将溶液送往高、低压发生器，两个发生器液位达到正常液位后进行。

（9）水质管理

冷却水、冷媒水水质必须符合溴化锂吸收式机组技术条件中对水质的管理要求。水质差易结垢，影响机组传热性能。在冬季不需要开机时，必须将冷却水、冷媒水全部放净，以防冻结。

（10）运行记录

运行记录是机组运行的重要资料。在机组运行过程中，应做好记录，以便分析运行情况，提高运行管理水平。运行记录内容包括机组各种参数，运行中出现的不正常情况及排除过程，一般每小时或每2 h记录一次。

三、机组的定期检查和保养

1. 定期检查

溴化锂吸收式机组使用期间，应定期进行检查，以保证安全运行。溴化锂吸收式机组的检查和保养项目见表4—2。直燃型溴化锂吸收式冷热水机组检查和保养项目除表4—2内容以外，还需补充表4—3的项目。

表4—2　　溴化锂吸收式机组的检查和保养项目表

项目	检查内容	检查周期				备注
		第日	第周	第月	第年	
溴化锂溶液	1. 溶液的溶质质量分数		√		√	
	2. 溶液的pH值			√		9～11
	3. 溶液的铬酸锂含量			√		0.2%～0.3%
	4. 溶液的清洁程度，决定是否需再生				√	
冷剂水	测定冷剂水相对密度，观察是否污染需要再生		√			
屏蔽泵（溶液泵冷剂泵）	1. 运转声音是否正常	√				
	2. 电动机电流是否超过正常值	√				
	3. 电动机的绝缘性能				√	
	4. 泵体温度是否正常	√				不高于70℃
	5. 叶轮拆检和过滤网的情况				√	
	6. 石墨轴承磨损程度的检查				√	
真空泵	1. 润滑油液面是否在油面线中心	√				油面窗中心线
	2. 运行中是否有异声	√				
	3. 运转时电动机的电流	√				
	4. 运转时泵体温度	√				不高于70℃
	5. 润滑油的污染和乳化	√				
	6. 传动带是否松动		√			
	7. 带放气电磁阀动作是否可靠		√			
	8. 电动机的绝缘性能				√	
	9. 真空管路泄漏的检查				√	无泄漏，24 h回升不超过26.7 Pa

续表

项目	检查内容	检查周期				备注
		第日	第周	第月	第年	
	10. 真空泵抽气性能的测定			√	√	
隔膜式真空阀	1. 密封性				√	
	2. 橡皮隔膜的老化程度				√	
传热管	1. 管内壁的腐蚀情况				√	
	2. 管内壁的结垢情况				√	
机组的密封性	1. 运行中不凝性气体			√		
	2. 真空度的回升值		√			
带放气真空电磁阀	1. 密封面的清洁度			√		
	2. 电磁阀动作的可靠性		√			
冷媒水、冷却水、蒸汽管路	1. 各阀门、法兰是否有漏水、汽现象		√			
	2. 管道保温情况是否完好				√	
电控设备、计量设备	1. 电器的绝缘性能				√	
	2. 电器形状的动作可靠性				√	
	3. 仪器仪表调定点的准确度				√	
	4. 计量仪表指示值准确度校验				√	
报警装置	机组开车前一定要调整各控制器指示的可靠性				√	
水泵	1. 泵体、电动机温度是否正常	√				不高于70℃
	2. 运转声音是否正常	√				
	3. 电动机电流是否超过正常值	√				
	4. 电动机绝缘性能				√	
	5. 叶轮拆检、套筒磨损程度检查				√	
	6. 轴承磨损程度的检查				√	
	7. 水泵的漏水情况		√			
	8. 底脚螺栓及联轴器情况是否完好			√		
冷却塔	1. 喷淋头的检查			√		
	2. 点波片的检查				√	
	3. 点波框、挡水板的清洁				√	
	4. 冷却水水质的测量			√		

表 4—3　　直燃型溴化锂吸收式冷热水机组的检查和保养的补充项目

项目	检查内容	每日	每周	每月	每半年或每年	其他
燃烧设备	观察火焰	√				
	保养检查		√			
	动作检查			√		
	点火试验				√	
燃烧要素	空燃比调整				√	
	排气成分分析			√		
燃料配管系统	过滤器检查	√				
	泄漏情况检查			√		
	配件动作检查				√	
烟道	烟道和烟囱检查				√	
	保温检查				√	
控制箱	绝缘电阻				√	
	控制程序				√	

2. 定期保养

（1）日保养

日保养分为班前保养和班后保养。

1）班前保养：检查真空泵润滑油油位；检查机组内溴化锂溶液液位，并根据要求调节液位；检查回水池液位及管路是否畅通；检查机组外部连接部件紧固情况；检查机组真空度。

2）班后保养：擦洗设备表面，保持设备清洁；清扫场地，保持机房清洁等。

（2）小修保养

可根据运行情况确定小修周期，一般以周或月为宜。

小修保养的内容有：检查机组真空度、机组内溴化锂溶液的溶质质量分数；铬酸锂含量、pH 值及清洁度；检查各台水泵联轴器、法兰的漏水情况；管路阀门有无漏水、漏气；检查电气设备是否处于正常状态，并对电气设备进行保洁作业等。

（3）大修保养

大修保养通常一年一次。

1）对机组的大修保养内容有：清洗制冷机组传热管内壁的结垢（包括蒸汽管和水管），油漆机组表面，检查视镜的完好和透明度，检查隔膜或真空阀的密封，以及橡皮隔膜的老化程度；测定溶液的溶质质量分数、铬酸锂含量，并检查溶液 pH 值和浑浊程度；检查机组真空度；进行屏蔽泵的检修，检查叶轮磨损程度、石墨轴承磨损程度、屏蔽套情况及冷却管路是否堵塞。

机组大修保养后的要求：清洗后传热管内壁要光亮，传热管干燥无水，模糊不清的视镜和老化的隔膜要更换；溶液的溶质质量分数为50% ~55%，pH 值为9.5 ~10.5，铬酸锂含量为0.2% ~0.3%，溶液不浑浊；机组真空度为绝对压力26.7 Pa，24 h 回升不超过26.7 Pa；屏蔽泵叶轮无松动，石墨轴承间隙不大于0.2 mm，屏蔽套磨损不超过0.5 mm，冷却管路畅通。

2）对水泵的大修保养内容有：检查水泵填料、水泵轴承、水泵轴承套的磨损情况，检查弹性联轴器部件的磨损情况，重新校正电动机与水泵的同心度，检查水泵、电动机座脚的紧固情况，清洗泵体和其余外露部分，清除水垢并重新油漆。

水泵大修后的要求：法兰处漏水每分钟10滴以内，温升不超过70℃；轴承磨损过大须更换；泵体清洁无水垢、无裂纹；电动机、水泵同心度上下左右偏差不超过0.1 mm。

3）真空泵大修保养的内容有：检查各运动部件磨损情况，检查真空泵阻油器及润滑油情况，检查真空泵滤网；更换各部件之间的密封圈、皮带圈；清洗电磁阀的活动部件，检查弹簧的弹性。

4）对冷却塔的大修：检查并清洁喷淋头、点波片、点波框及收水器。大修后，要求喷淋头无损坏，点波片排放整齐，收水器无损坏。

5）对电器、仪表大修：检查各类电动机绝缘情况，检查电动机轴承磨损情况，检查各类控制器可靠性，检查各类仪表。大修后，各类电动机绝缘良好，电动机轴承磨损不超出正常范围，各类控制器的功能完好、灵敏、可靠，仪表指示值准确。

四、机组的状态保养

有多种原因可能引起运行中的机组、辅助设备及其他部分不能正常工作。状态保养是指及时抢修性的保养工作。机组状态保养的目的是，尽快使其运行工况恢复正常。

第五章　制冷与空调系统事故紧急抢修的安全操作技能

第一节　制冷系统紧急事故判断与应急处理技能

一、制冷剂大量泄漏

1. 氨突然泄漏的紧急处理

作为制冷剂，氨对人体有毒害作用，而且易燃易爆，浓度过大会使人窒息，大量泄漏的制冷剂还可造成冻伤，甚至引发火灾、爆炸等事故，造成设备和人身安全事故。因此，操作人员一定要时刻注意系统中的设备与管道、阀门等的气密性，严格按照有关的安全技术操作规程进行操作，并且定期接受安全教育。

（1）氨制冷剂大量泄漏处理现场操作人员应迅速穿戴好防护用具，如防毒衣、防毒面具、橡皮手套等，同时保持冷静，以免误操作使事故进一步扩大。进入漏氨现场，应尽快正确判断漏氨情况，并及时处理。同时，应向现场大量喷水稀释泄漏的氨。

（2）发现高压管道、设备漏氨时应马上使压缩机停机，切断漏氨部位与有关设备连接的管道。待氨全放空后，找出漏点，焊补并打压试漏合格方可继续使用，否则应予以更换。

（3）发现低压管道、设备漏氨时应迅速检查管道、设备，找出漏点，关闭低压设备的供液阀，调整相关的阀门。漏点不大时，可用管卡卡住漏点；若漏点较大，则开风机排掉氨气，同时喷醋酸溶液中和氨气，使氨气浓度迅速下降。然后补焊漏点或更换相关管道或设备。

2. 氟利昂制冷剂泄漏的紧急处理

氟利昂制冷剂虽无毒，但大量泄漏会使现场操作人员呼吸困难甚至窒息，还会伤及人的眼睛和皮肤。因此，人员进入泄漏现场前，应穿好防护服，并戴好供氧防毒面具、橡胶手套，配备抢修工具。应及时判断漏氟情况，并正确处理。

（1）寻找氟利昂泄漏点，切断泄漏源，开启排气扇，打开门窗，迅速排出氟利昂气体。

（2）切断泄漏源，快速通风，并立即夹紧能被封住的漏点（如给管道打卡子夹紧管道漏点），制止泄漏。

（3）若发现有操作人员呼吸困难或窒息，应快速将患者转移到室外空气新鲜处，进行紧急救治，严重的送医院抢救。

另外，在加注制冷剂时由于胶管老化、质量问题，管接头管卡不牢而脱落、破裂造成制冷剂突然泄漏，以及压缩机液击产生设备破裂，发生制冷剂大量泄漏时，应迅速切断制冷剂供液阀，关闭制冷剂瓶上的截止阀，按紧急事故处理操作规程操作，确保人身、设备安全。

二、制冷剂中毒、窒息、冻伤的处理

1. 中毒、窒息、冻伤

（1）中毒

制冷剂氨是一种有毒的气体，用得较多，泄漏后若不发生燃烧爆炸，就有可能被人体吸入，出现咳嗽、憋气、流泪、咽喉肿痛等症状。如果氨气体积分数很高，则可出现口唇或指甲青紫、头晕、恶心、呕吐、呼吸困难，甚至死亡。长期少量吸入氨气可引起慢性中毒，引发慢性支气管炎、肺气肿等呼吸系统疾病。常温下氟利昂有轻微毒性，但在与80℃以上的火焰接触时则会产生剧毒光气。

使用氮气进行系统置换和试压时，若大量泄漏且被人体吸入，由于周围氧气被氮气（惰性气体）所替代，便会造成机体组织供氧不足，从而引起头晕、恶心、调节功能紊乱等症状。缺氧严重时会导致昏迷，甚至死亡。

气瓶泄漏会使检修人员接触高浓度的乙炔，导致中枢神经抑制。乙炔有类似醉酒的作用，一次大量吸入可引起昏迷甚至死亡。

（2）窒息

因制冷剂泄漏造成作业场所空气中制冷剂含量较大时（如氟利昂

30%），或因氨制冷剂引发火灾使空气中的氧含量很低时，人会窒息，引发伤亡事故。

（3）冻伤

泄漏的制冷剂或维修操作时液体制冷剂溅落到人的皮肤上，瞬间蒸发吸收热量，会造成冻伤，轻则表皮脱落，重则肢体坏死。氨等引起的冻伤通常伴有化学烧伤。

2．中毒和冻伤的预防

（1）防止系统和储存容器泄漏

检修人员因与氨、氮、乙炔等有毒有害气体接触造成中毒、窒息，以及与液态制冷剂或腐蚀性物质接触引起冻伤、化学灼伤等，主要是由系统和储存容器泄漏造成的。因此，使系统和储存容器处于良好的密封状态，做到不泄漏至关重要。

低温制冷系统中使用的载冷剂温度很低，使用中应采取防护措施，避免冻伤。有机载冷剂如甲醇、乙醇易燃烧，所以在使用场地应设置消防器具，并设置通风换气装置。

（2）个人防护

在有毒有害环境中工作的操作与维修人员，做好个人防护与卫生工作，对防止、减少中毒和冻伤事故是十分重要的。操作与维修人员应根据作业场所的工作性质，穿戴好必要的个人防护用品，如防毒面具、防酸碱和低温的工作衣帽、手套、面罩和胶靴等，一旦遇到有毒及腐蚀性物料泄漏溢出，则可以起到隔绝和限挡作用，防止人体受到伤害。

（3）制冷剂中毒、窒息、冻伤的处理

制冷机房、维修工作场所要具备通风设施，发现制冷剂泄漏，或感觉有较强刺激性气味时，应立即启动紧急排风装置并将人员撤至上风处，并在随后时间查找漏源排除泄漏。

1）迅速将中毒者移到空气新鲜处，松解衣扣和腰带，保持呼吸畅通，注意保暖。立即对中毒人员进行检查，看其神志是否清晰，脉搏、心跳是否正常，有无出血和骨折，是否有化学冻伤和烧伤。

2）除对中毒者进行抢运外，同时尽快查出泄漏点，及时采取措施控制制冷剂继续泄漏。

3）当氨液溅到衣服和皮肤上时，应立即把被浸湿的衣服脱去，用水或2%的硼酸水冲洗皮肤，水温不得超过46℃，切忌干加热，当解冻后，再涂上消毒凡士林或植物油及万花油。

4）若制冷剂溅入眼睛必须就地用清洁水或生理盐水或2%的硼酸水进行冲洗，冲洗时眼皮一定要翻开，患者可迅速开闭眼睛，使水布满全眼，然后请医生治疗。

5）对于鼻腔和咽喉的处理，可用滴鼻瓶滴入2%硼酸水漱口，并可喝大量的0.5%柠檬酸水。

6）发生液氨冻伤后，复温是急救的关键，快速复温的方法是采用40~42℃的恒温热水或2%的硼酸热水浸泡，使被冻肌体在15~30分钟内温度提高到接近正常体温。在冻伤不太严重的情况下，还可以对冻伤部位进行轻微的按摩，促进血液循环，使冻伤部位升温。但不要将冻伤部位划破，以免增加感染机会。

7）当呼吸道受氨刺激较大且中毒比较严重时，可用硼酸水滴鼻漱口，并给中毒者饮入0.5%的柠檬水（汁）。但切勿饮白开水，因氨易溶于水会加速氨的扩散。

8）氨中毒十分严重，致使呼吸微弱或面色青紫，甚至休克、呼吸停止时，应立即进行人工呼吸抢救并给中毒者饮用较浓的食醋，有条件时要立即输氧。

三、制冷系统火灾、爆炸等的紧急处理

1. 消除导致燃烧爆炸的物质条件

（1）操作维护过程中应尽量不用或少用易燃和可燃物质。这是工业防火防爆的根本性措施。不用可燃物质往往不易做到，但限量使用可以做到，如操作维护中使用的清洗剂，切不能以车用汽油代替溶剂汽油或煤油，同时也应尽量少领少用，废油不可乱倒乱放。

（2）循环设备应尽可能密闭。已密闭的带压容器或管道要防止泄漏，负压设备应防止空气渗入。特别要防止设备材料老化、突发性外力破坏、密封部件损坏及误操作等因素引起的有毒工质外泄和空气渗入。

（3）加强通风换气。对于某些无法密闭的，有可能存在可燃气

体、蒸气的场所，如设备的安装检修现场，要有良好的自然通风，或是设置强制性的机械通风装置，以降低空气中的可燃物浓度，将其严格控制在爆炸下限以下。

（4）设置检测报警装置。在可能发生燃烧爆炸的危险场所，设置可燃气体检测报警仪，一旦可燃气体的环境浓度超标即发出警报，以便采取紧急措施予以防范。

（5）惰性介质保护。在存有易燃易爆物料的装置中，加入如氮气、二氧化碳、水蒸气之类的惰性气体，使可燃气体浓度及氧气浓度下降，从而降低或消除燃烧爆炸的危险性，起到保护作用。在氨制冷系统中，惰性介质（氮）的使用范围有：在残余可燃气体（氨）处理过程中加入惰性气体保护；采用惰性气体（氮气）压送易燃液体；对具有燃烧爆炸危险的工艺装置、储罐、管线等配备惰性介质（氮气）系统，以备发生危险时使用；有燃烧爆炸危险的工艺装置、设备停车检修时，可用惰性气体（氮气）冲洗置换；危险物料泄漏时用惰性介质（氮、二氧化碳）稀释，发生火灾时可用惰性气体（氮、二氧化碳）灭火。

（6）其他防范措施。对燃烧爆炸危险物的储存、保管、运输，应根据其特性采取有针对性的防范措施。

2. 消除或控制点火源

常见的引火源分为四大类，参见表5—1。

表5—1　　常见引火源分类

类别	引火源举例
机械引火源	撞击、摩擦、绝热压缩
热引火源	高温表面、热射线（日光）
电引火源	电火花、静电火花、雷电火花
化学引火源	明火、化学分解、发热自燃

消除或控制点火源的措施如下。

（1）防止撞击、摩擦产生火花。机器转动部件摩擦，铁器互相撞击或打击混凝土地面，带压管道或钢制容器裂开后工质高速喷出与器壁摩擦等，都可产生高温或火花，成为燃烧爆炸的起因。因此，在易燃易爆危险场所应采取相应措施防止这类机械火源的产生。

（2）防止高温表面成为火源。如高温设备及管道，通电的白炽灯泡，机械摩擦导致发热的转动部件等，如可燃物与这些高温表面接触时间较长，就可能被引燃。因此，高温表面应采取保温、隔热措施；可燃气体排放口应远离高温表面；经常清除高温表面污垢，防止有机物的分解、自燃。

（3）隔绝热辐射（日光）。直射的太阳光经凸透镜、圆形玻璃瓶、有气泡的平板玻璃等会聚形成高温焦点，有可能引燃可燃性物质。为此，有爆炸危险的厂房和库房必须采取遮阳措施，将窗玻璃涂上白漆或采用磨砂玻璃。

（4）防止电气火花。因电气火花引发的燃烧爆炸事故在该类事故中占有相当大的比例。电气方面形成的火花和火源，一般是指电器开关合闸、断开时产生的火花电弧，或由于电气设备短路、过载、接触不良或其他原因产生的电火花、电弧或过电流高温。为避免产生上述现象，应采取相应措施。

（5）消除静电火花。静电是指相对静止的电荷，是一种常见的带电现象。在一定条件下，两个不同物体（其中至少有一个为电介质物体）相互接触、摩擦，就可能产生静电并积聚起来，产生高电压。若静电能量以火花形式放出，则可能成为引火源，引起燃烧爆炸事故。因此，应在系统设备及管道的适当位置安装接地装置，使静电电荷向大地释放，做到无害化消除。

（6）防雷电火花。雷电是自然界中的静电放电现象。雷电所产生的火花温度之高可熔化金属，也是引起燃烧爆炸事故的重要原因。防雷装置则是利用其高出被保护物的突出位置，把雷电引向自身，然后通过引线和接地装置，把雷电引入大地，以避免引爆易燃可燃物质并保护人身或建（构）筑物免受雷击。

（7）防止明火。操作维护作业过程中的明火主要是指加热用火、维修用火以及其他火源。工艺装置尽可能避免采用明火，应以无明火的热载体如蒸汽、热水、导热油等进行间接加热。如必须使用明火设备时，必须与可能发生爆炸危险的区域隔绝。维修用火是操作维护作业过程中引起燃烧爆炸的主要原因之一，因此一般都对其制定了严格的管理制度，并认真贯彻。对于其他明火，如燃着的烟头、火柴、烟囱飞灰、车用内燃机排气管尾气等，都可能引起可燃物的燃烧爆炸，需对其采取相应的安全措施。

3. 制冷设备火灾、爆炸的紧急处理

（1）立即报警。发生火灾爆炸的突发事故时，首先要立即报警，同时通报给相关负责人，按照“应急预案”的要求组织扑救和设备的应急处理，控制火势蔓延，确保消防设备、设施正常使用，并提供应急照明措施，避免造成局面失控。如已发生爆炸，所有人员必须立即撤离现场，以免发生更严重的人员伤亡事故。

（2）组织扑救。当现场发生火灾后，除及时报警外，应立即组织员工进行扑救，根据现场火势，启动火灾自动报警装置或固定灭火装置灭火。扑救火灾时按照“先控制、后灭火；救人重于救火；先重点后一般”的原则。初起火灾在具备扑灭火灾的条件时，展开全面扑救。对密闭条件较好的室内火灾，在未做好灭火准备之前，必须关闭门窗，以减缓火势蔓延。

对于不能立即扑救的要首先控制火势的继续蔓延和扩大，并针对具体火源和起因采取必要措施防止发生爆炸事故。

（3）切断电源。首先紧急切断电源，接通消防水泵电源。采取紧急隔停措施，隔离火灾危险源和重要物资，充分利用现场的消防设施器材进行灭火。

（4）分别处理。对蒸气型溴化锂吸收式冷水机组首先要切断电源。然后迅速关闭热源手动截止阀。机组正在抽空时，要立即关闭抽气阀。在再次启动机组前，应检查机组是否结晶，是否安全；蒸气压缩式制冷系统当发生火灾等重大事故时，条件容许的情况下应使用紧急泄氨器将制冷系统中的氨液与水混合，稀释成氨水溶液迅速排入下水道，以保证人员、设备安全。需要紧急泄氨时，先开启紧急泄氨器的进水阀，再开启进氨液阀，氨液经过布满小孔的内管流向壳体内腔并溶解于水中，成为氨水溶液，再由排泄管安全地排放到下水道中。

（5）做好防护。在扑救火灾燃爆险情的同时，要做好个人防护，在灭火时，应防止被火烧伤或被燃烧物、泄露的制冷剂所产生的气体

引起中毒、窒息，随时注意防止引起爆炸。扑救人员应尽可能戴上防毒面具及绝缘手套，穿上橡胶绝缘鞋，以防中毒、触电并对生命造成威胁。

(6) 保护现场。当火灾发生时和扑救完毕后，要保护好现场，维护好现场秩序，等待对事故原因及责任人的调查。应立即采取善后工作，及时清理火灾造成的垃圾，分类处理并采取其他有效措施，从而将火灾事故对环境造成的污染降低到最低限度。

第二节　制冷系统一般常见突发故障判断与应急处理技能

一、制冷机房突发事故安全措施

1. 停电、停水、停气（压缩空气）

制冷空调设备的突然停电、停水和停气，由多种状况造成，有的是因为机组故障，有的是因为外部资源供应系统故障而造成的，还有的是因为操作人员的误操作造成的。无论什么状况，突然停电、停水和停气都会给制冷系统的正常运行带来影响。突然停电、停水会使制冷循环停止，冷却设备失去作用，从而使压力容器内制冷剂压力升高，制冷循环系统中的冷却水温度升高，冷剂水温度降低（热水升温），还会造成蒸发器结冰，严重时铜管爆裂，造成制冷剂泄漏事故。有些控制器件需要气动开停，当气源突然停止供应时会造成阀门、仪表不能正常工作，使系统报警。

(1) 停电

为防止因突然停电而引发事故，关键装置或设备宜采用双电源或联锁控制装置。要保持管路与工质的畅通。必要时可设置高位水箱，以保证停电后冷却水系统在短期内能正常工作。突然停电后，首先应关闭电气总开关，然后关闭高压调节站上的总供液阀，关闭各分调节站上的供液阀，随即关闭压缩机的排气阀、吸气阀。如果是双级压缩制冷系统，则应先关闭低压级压缩机的吸、排气阀，再关闭高压级压缩机的吸、排气阀，并将手动能量调节阀手柄旋转至零位，给压缩机卸载，最后按照前面所述正常停机的步骤进行操作，并做好停电、停车记录。溴化锂吸收式冷水机组在运行中突然断电的正确的处理方法是：

1）迅速关闭加热蒸汽，使动力箱电源开关及所有溶液泵和水泵的电源按钮调整到关闭位置。

2）关闭水泵出口阀门，使整个系统处于停机状态。

3）待机组恢复正常供电后，按正常启动程序，重新启动机组。

（2）停水

在检修水管路或外部供水以及水泵损坏等原因造成供水中断时，应立即切断电源，使压缩机停止运转。这样可以避免排气温度过高，冷凝压力超高。随后，应关闭供液阀，关闭制冷压缩机的吸、排气阀。待查明断水原因，并正确处理后，按照开机安全操作规程重新启动压缩机。

若因突然停水，制冷系统或设备的安全阀压力过高而跳开，应在重新启动压缩机前，对安全阀试压一次，合格后方可启动压缩机。

局部停水时，可视情况使系统减负荷运行。大面积停水时，系统应立即停止运行，并注意温度与压力的变化情况。如系统压力超过正常值，则视具体情况采取放空等泄压措施。

溴化锂吸收式冷水机组运转中突然冷却水断水正确的处理步骤是：

1）立即通知热力供应部门停止供应蒸汽，防止发生器中溶液浓度持续升高，形成结晶危险。

2）关闭蒸发器泵出口阀，并打开冷剂水旁通阀稀释溶液。

3）停止吸收器泵运行。

4）当溶液温度达到60℃左右时，关闭发生器泵和冷媒水泵，停止机组运行，进行停机检修。

（3）停气（压缩空气）

停气时所有以压缩空气为动力的仪表、阀门都不能动作，应立即改为手动操作。有些光气防爆型电气设备和仪表也处于不安全状态，必须加强厂房内通风换气，以防止可燃气体进入电器和仪表内。

一般情况下，制冷空调设备的电气控制系统都有断电和失压保护装置，并配备了其他的综合保护功能，使因停电、停水、停气造成的危害缩减到最小。

2. 突然局部升压、漏水

突然局部升压、漏水主要指受外部环境温度影响，或是设备局部缺陷造成的压力容器或管道破裂，冷却水泄漏等突发紧急事件。制冷剂管道突然破裂是非常危险的。制冷剂是在密闭的制冷系统装置内循环流动，以气—液状态变化来传递热量的。如果制冷剂液体或气体在刚性密闭的容器中受热，压力势必升高。容器中如果没有安全阀之类的自动减压装置，或调节失误，则会使容器内制冷剂的压力随温度的上升而急剧增大。在常用制冷剂的设备中，满液后容器内液体温度上升1℃，其压力可上升 1.478 MPa，如上升 10℃，则压力将升高15 MPa。如此巨大的压力远远超过了一般容器的耐压承受力，所以将发生爆炸。在氨制冷系统和氟利昂制冷系统中，都发生过此类爆炸事故。所以，制冷与空调作业的安全操作非常重要，必须引起高度重视。

漏水时，应立即关闭冷水机组、冷冻泵、冷却泵；切断相关控制屏电源并做防护遮盖，避免因进水发生电气短路事故；关闭相关阀门，控制泄水量；堵住漏水点，减少跑水量，同时打开泄水阀及时泄水减压；保证集水井排水泵的正常运行，保证正常排水；清扫地面积水，同时迅速组织人员进行抢修。

溴化锂制冷机组铜管冻裂或破损时，应立即切断主机电源，并立即停冷却水泵、冷温水泵，关闭机组所有的进出口阀门。如发生严重超压超温，则应分析原因，问题处理后才能重新开机。

二、制冷压缩机紧急事故判断与应急处理

1. “湿冲程”的判断和应急处理

当压缩机吸入湿蒸汽时，气缸壁处出现结霜，吸气温度和排气温度显著下降，这就是压缩机的湿冲程。轻微湿冲程，一般没有液击声。当湿冲程严重时，较多液体被吸入压缩机，曲轴箱甚至排气口侧都出现结霜，压缩机发出异常的液击声，这就是压缩机的液击冲缸现象。

（1）湿冲程故障的产生原因

1）用手动控制时，节流阀调节不当，开启度过大。

2）浮球阀失灵关不严，造成所控制的容器内制冷剂液体过多，液

位过高和分离效果降低。

3）热力膨胀阀失灵，或感温包安装错误，接触不实，导致开启度过大。

4）蒸发盘管结霜过厚，负荷过小，造成传热热阻增大，使制冷剂进入蒸发盘管吸热蒸发困难。在盐水制冷系统中，由于盐水浓度过低或蒸发温度过低，造成蒸发管上结有霜层使传热效能降低，同样使制冷剂吸热蒸发困难。这时蒸发压力明显下降，吸气过湿。

5）系统中积油过多，特别是重力供液系统的排管、搁架式排管和冰池蒸发器等，由于积油，一方面使传热系数降低，另一方面使制冷剂液体供不进去，造成液体分离器中液体过多，压力降低引起湿冲程。

6）压缩机制冷量太大，或库房热负荷较小。由于压缩机的吸气量大于蒸发器内制冷剂的蒸发量，造成蒸发温度（压力）下降，吸气速度增大，这时容易把未蒸发的制冷剂液体吸进压缩机，引起湿冲程。

7）阀门操作调整不当。例如当压缩机启动或冷库融箱后恢复正常降温时，吸气截止阀开启过快，使蒸发器内压力突然下降，引起剧烈沸腾和吸气速度增大，这时制冷剂液体就有可能被压缩机吸入。

8）制冷系统中制冷剂充注过多。系统中加入制冷剂过多，或热负荷突然增大，使制冷剂剧烈沸腾，液体易被压缩机吸入，都有可能引起压缩机湿冲程。

9）供液电磁阀关闭不严或供液阀开启过大。

10）当氨泵、盐水制冷系统的搅拌器或冷风机突然开动时，由于制冷系统热负荷增加，使制冷剂剧烈沸腾，液体易被压缩机吸入。

11）设计安装不合理。如放空器、集油器上的抽气管，直接与压缩机吸气管相连，或几个低压循环储液器并连于一根总回气管，而未设液体平衡管，由于接受库房回液的不相等，对于接受回液较多的储液器，易使与其相连的压缩机产生湿冲程。

12）在双级压缩制冷循环中当低压级吸气阀门突然关小或开大（或运转台数突然减少及增加），以及中间冷却器中蛇形盘管突然进液，这时易引起高压级压缩机的湿冲程。

（2）制冷压缩机产生“湿冲程”故障的危害

1）由于液击冲缸和温度急剧变化，易使阀门片击破敲坏。有时会冲破气缸盖填料，引起制冷剂外泄。

2）由于低温湿蒸汽进入气缸，使缸壁因温度降低而急剧收缩，易发生“咬缸”事故。

3）处理湿冲程时，因关小或关闭吸气阀，引起曲轴箱压力降低，易发生奔油现象，并且影响冷库降温和正常生产。

4）湿冲程严重时，大量液体进入气缸和曲轴箱，易造成冷冻机油黏度增大，油压降低，使轴瓦跟曲轴烧咬，甚至发生压缩机爆裂的严重事故。

因此，在操作运转时必须避免湿冲程。一旦发生时，应加强看管，认真操作，找出原因，迅速排除。

防止湿冲程的方法，主要是根据热负荷情况，增减压缩机运转台数，注意观察低压循环储液器、中间冷却器和液体分离器中液面情况，调整供液量大小。

(3）检测制冷压缩机产生湿冲程故障的一般操作方法

由于制冷系统是由制冷机、冷凝器、蒸发器、膨胀阀以及许多设备附件所组成的相互联系而又相互影响的复杂系统，因此一旦制冷装置出现了故障，不应把注意力仅仅集中在某一个局部上，而是要对整个系统进行全面检查和综合分析。检测的一般操作方法概括地说就是“一看，二听，三摸，四分析”。

一看：看压缩机的吸气压力和排气压力；看冷却室的降温速度；看蒸发器的结霜状态；看热力膨胀阀结霜情况。

二听：听压缩机运行的声音，应只有阀片的清晰运动声；听膨胀阀内制冷剂流动声；听冷却风机运行的声音；听电磁阀工作的声音；听管道有无明显的振动声响。

三摸：摸压缩机前后轴承位的温度；摸压缩机缸套、缸盖的温度；摸吸、排气管的冷热程度。

四分析：运用制冷装置工作的有关理论，对现象进行分析、判断，找到产生故障的原因，并有的放矢地去排除。判断液击故障不是仅以吸气管道结霜情况为依据，而主要从排气温度的急剧下降来判断，这时排气压力不会有多大变化，但气缸、曲轴箱、排气腔均发冷或结霜。液击时，它可以破坏润滑系统，使油泵工作恶化，气缸壁急剧收缩，严重时可将缸盖打穿。

（4）制冷压缩机湿冲程故障的排除和恢复正常运行方法

处理液击事故应当机立断，严重时应作紧急停机处理，当单级压缩机发生轻微湿冲程时，只需关小压缩机吸气阀，关闭蒸发系统的供液阀，或设法降低容器液面，并注意油压和排气温度情况，待温度升到50℃时，可试行开大吸气阀，若排气温度继续上升，则可继续开大，如温度下降应再关小。当“湿冲程”严重时，汽缸壁出现大面积结霜，这时应停止压缩机运转，根据情况关闭一些供液阀，可借助其他运转的压缩机进行抽空。在以其他压缩机抽空时，必须将汽缸冷却水套和油冷却器内的冷却水放净或开大水阀，以免因结冰而冻裂，若不能以其他压缩机抽空时，可利用压缩机放油阀和放空气阀将油和氨放出，重新加油和抽真空后再行启动。

对于双级压缩机的“湿冲程”，低压级湿冲程的处理方法与单级压缩机相同。但有大量氨液冲入汽缸时，可利用高压压缩机通过中间冷却器进行降压抽空。抽空前应将中间冷却器内液体排入排液桶中，然后降压抽空。降压前应将汽缸冷却水套和油冷却器内的冷却水放净或开大水阀。

中间冷却器液面过高时，高压压缩机呈现“湿冲程”，其处理方法应首先关小低压压缩机吸气阀，然后关小高压压缩机吸气阀和中间冷却器供液阀。必要时将中间冷却器内氨液排入排液桶中，若高压压缩机结霜严重时，应停止低压压缩机运转，以后其处理方法与单级相同。

为防止氨压缩机湿冲程，应在氨液分离器、低压循环储液器、中间冷却器上设液位指示、控制、报警装置。低压储液器设液位指示、警报装置。

2. 异声、超压、超温、压力表指针剧烈跳动

（1）压缩机声音异常的原因和处理

1）活塞上止点余隙过小，应重新调整达到技术要求。

2）活塞销与连杆小头孔间隙过大，应更换活塞销或小头衬套。

3）吸排气阀固定螺栓松动，有杂质进入压缩机，应紧固螺栓，更换有破损的零件。

4）活塞与汽缸间隙过大或过小造成拉缸、偏磨，应及时修理，调整配合间隙，更换零件。

5）汽缸与曲轴中心连杆不正，应及时修复。

6）制冷剂液体进入汽缸产生液击现象，应调整蒸发器的供液量。

7）活塞销缺油、润滑油中有杂质，应提高润滑油压力，满足供油要求，声音较大时还应及时换油。

应注意的是，液击是指汽缸内进入制冷剂液体，在很小的空间瞬时蒸发，并在汽缸内产生较高压力发出“当当当”的敲击声。在处理过程中调整供液量的同时，还应注意油压、油温的变化，如果油压达到0 MPa，必须停止运行，以免因润滑油润滑情况恶化，使机件发生磨损。

压缩机异常声音其他来源，还有飞轮的键槽与键间隙过大、传动带太松、联轴节的弹性圈磨损等。上述问题，应按技术要求解决或更换有关零件。

（2）制冷系统超压的原因和处理

在氨制冷系统和氟利昂制冷系统中，都有过因超压超温发生的爆炸事故。在安全保护装置失灵的情况下，设备、管路压力超过其所能承受的压力而爆破，设备或管路中的制冷剂喷出并急剧膨胀，释放巨大能量而发生爆炸或引发火灾和中毒事故。所以，制冷与空调设备运行操作作业的安全操作非常重要，必须引起高度重视。

制冷剂是在密闭的制冷系统装置内循环流动，以气—液状态变化来传递热量的。如果制冷剂液体或气体在刚性密闭的容器中受热，它将难以膨胀，压力势必升高。容器中如果没有安全阀之类的自动减压装置，或调节失误，则会使容器内制冷剂的压力随温度的上升而急剧增大。在常用制冷剂的场合下，满液后容器内液体温度上升1℃，其压力可上升1.478 MPa，如上升10℃，则压力将升高15 MPa。如此巨大的压力远远超过了一般容器的耐压承受力，所以将发生爆炸。

发生超压、超温事故的部位主要有压缩机、冷凝器、蒸发器以及整个制冷循环系统，一般处理方法有以下几种。

1）压缩机排气温度过高。其可能的原因及处理方法有：

①冷凝温度过高，引起排气温度过高，应加大通风量或水量，以

及清除水冷冷凝器的水垢、风冷冷凝器表面的灰尘，提高冷却效果。

②系统中多余的不凝性气体（空气）使得排气压力升高，应放出多余的空气。

③汽缸余隙容积过大，应按技术要求调整余隙。

④汽缸冷却水套水量不足或断水，应加大水量或查出断水原因，及时供水。

⑤蒸发温度降低，使蒸发压力降低，压缩比增大，排气温度升高，应调整蒸发温度到规定范围。

2）油温过高。其可能原因及处理方法有：

①润滑油使用时间长而变质，应及时更换润滑油。

②运动部件装配间隙过小，应按技术要求调整好间隙。

③曲轴箱冷却器供水不足，应检查水路和水阀并及时处理。

3）吸气温度过高。其可能的原因及处理方法有：

①制冷剂不足或节流阀开启度小，应调整供液量。

②吸气管绝热层破坏，应更换隔热材料。

③吸气阀片破损或漏气，应更换或检查、研磨阀片。

4）油压过高。其可能的原因及处理方法有：

①油压调节阀未开或开启太小，应开大调节阀，将油压保持在合理范围。

②油路系统有堵塞或调节阀芯被卡死，应及时处理，恢复油路畅通。

5）曲轴箱压力过高。其可能的原因及处理方法有：

①活塞环密封不严，造成泄漏，应检查修理或更换。

②汽缸套与机座密封不严，应修理或更换阀片。

③曲轴箱内进入制冷剂，其内部压力发生变化，应进行抽空处理。

6）系统冷凝压力过高。其可能的原因及处理方法有：

①冷凝面积小，冷凝器内存有空气，应增加冷凝器换热面积，及时放出系统中的空气。

②水冷系统故障，如水量不足、水温过高、冷却水分布不均等，应仔细检查，增加水量，采取降温措施，调整配水器，提高换热效果。

③风冷冷凝器风机不转，应检修风机，恢复其正常工作。

④冷凝器管内壁水垢太厚，应定期清除，改善换热条件。

⑤冷凝器内存液过多，应排出多余制冷剂液体。

7）蒸发压力过高。其可能的原因及处理方法有：

①热负荷过大和压缩机制冷量低于实际要求热负荷，使蒸发压力过高，应降低热负荷，增加压缩机台数。

②供液量过多，蒸发压力过高，应减少供给制冷剂液体。

③能量调节装置故障和压缩机效率降低，应检查故障原因并修复。

8）冷间温度过高。其可能的原因及处理方法有：

①被冷却、冻结物品量大，制冷能力达不到，因此应减少冷间的货物量。

②系统中制冷剂不足，制冷量小，应及时加注制冷剂。

③温度控制器失灵、热力膨胀阀感温包内工质泄漏，应检修或更换。

④冷间的门开启频繁或关闭不严，应检修门并控制开启门的次数。

⑤制冷系统中过滤装置局部阻塞，应清洗滤网，更换过滤器。

9）中间压力过高。其可能的原因及处理方法有：

①中间冷却器内的制冷剂液体太少，使低压机排出的气体不能充分被冷却，因此应增加中间冷却器供液量，控制中间压力符合要求。

②蒸发压力过高，应调整回气阀门开启度。若热负荷过大，应增加压缩机。

③高、低压缩机配比较小，应调整高、低压缩机配比，使之达到合理范围。

④中间冷却器蛇形盘管泄漏，应停止系统运行，检查、修复后继续使用。

（3）制冷系统超温和压力表剧烈摆动的原因和处理

超温主要是指压缩机和冷凝器温度升高。一般来说，制冷系统的超压都会带来超温现象，所以在处理超压的同时也就处理了超温，但也有的超温并不完全是因为超压造成的，实际处理中要仔细分析原因，其中，系统中存在不凝性气体是引起超压超温和压力表剧烈摆动的一个重要因素。

制冷系统中的不凝性气体主要是系统中由于抽真空不彻底残存的、

低压设备渗入的空气，此外，还有制冷剂、润滑油高温下分解出的少量不凝性气体。这些气体在冷凝器和高压储液器内不能液化，将降低冷凝器的传热效果，使冷凝压力及排气温度提高，压缩机制冷量减小，耗电量增加。从排气压力表指针剧烈摆动以及排气温度和冷凝压力高于正常值可判断出存在不凝性气体。

3. 制冷系统冰堵或脏堵

（1）制冷系统冰堵与脏堵的原因

1）冰堵。冰堵常常发生在膨胀阀或毛细管等节流装置部位。其原因是制冷剂中含有水分，当制冷剂液体流经膨胀阀或毛细管时，制冷剂液体压力急剧下降，蒸发温度随之下降，一般系统蒸发温度低于0℃，因此制冷剂中的水凝结成冰，部分或全部堵塞膨胀阀的阀孔或毛细管的管路。冰堵故障现象使制冷剂流量急剧减小，制冷量下降，蒸发器及回气管霜层融化，冷间温度提高，同时由于制冷剂流动阻力增加，甚至不能流动，使压缩机排气压力提高，甚至因过载而停机。但当冷间温度再提高，使得膨胀阀或毛细管温度高于0℃时，冰随之融化，系统将恢复运行。系统水分不去除，此现象会重复发生。

2）脏堵。脏堵是由制冷剂中的杂质引起的。杂质使系统管路上的阀件、干燥器、过滤器、膨胀阀进口滤网等处发生堵塞现象，使制冷剂循环不能正常完成，甚至不能制冷，同时还有可能因此造成排气压力高。在压力控制器失灵的情况下，有可能因系统超压而发生设备、人身安全事故。因此，必须清除系统中的污物，保证制冷系统的安全运行。

另外，当温度低于－60℃时，在膨胀阀孔处会发生油堵。其原因是润滑油的凝固点较高，溶解于制冷剂中的润滑油，经过阀孔时被节流后的低温部分析出，并呈稠状粘在阀孔上造成堵塞。此时应停机，更换润滑油，保证系统正常运转。

（2）制冷系统冰堵与脏堵的处理

为保证系统正常安全运行，常采用干燥过滤器吸收系统中的水分。干燥过滤器内装有干燥剂，两端有过滤网，直接接入制冷循环管路中，接入时可水平或垂直安装。为更换干燥剂方便，有的大型装置只在出口端装过滤网。干燥过滤器使用一段时间后，其外壳有露水或结霜，说明干燥剂已经饱和，应及时更换干燥剂。同时，应注意防止制冷剂泄漏和空气、水分进入系统，影响制冷系统安全运行。

一般可采用定期清洗或更换干燥过滤器、滤网、阀件的办法排除脏堵，主要任务是排除系统各设备、连接管道内的铁锈、灰尘等，避免脏堵发生。脏堵处理的过程也就是制冷系统排污的过程，尤其是在安装维修结束时，更要排除管道焊接时所残留的焊渣、铁锈及其他污物。目的是避免这些杂质污物被压缩机吸入汽缸内造成汽缸或活塞表面产生划痕，加大磨损，甚至敲缸等事故。同时也可防止污物堵塞系统的节流装置，影响制冷系统安全正常工作。

制冷系统设备较多，管路复杂，常采用分段排污法排污。排污口设在各段的最低处，以便排污更彻底，保证系统安全运行。

1）氮气或压缩空气排污。把压力为0.6 MPa的干燥氮气或压缩空气充入排污系统，待系统压力稳定后，迅速打开排污阀，借助带压气体的急剧冲力排出系统内的污物、焊渣等杂质。这样排污进行多次，可达到排净系统的目的。这是带压操作。为避免污物对人的伤害，操作人员不可面对排污口。

2）压缩机自行排污。若无可供使用的干燥氮气或压缩空气设备，但又必须对系统排污，可以采用系统内的压缩机自行排污。排污过程是：先将压缩机吸入阀过滤器拆下，用过滤布包扎好入口，使空气过滤后被吸入；启动压缩机，逐渐升高压力，排气压力控制在0.6 MPa左右。这样排污进行多次，直到系统干净为止。

第三节　制冷机组除垢、清洗的安全操作技能

制冷系统中的冷凝器、蒸发器、冷却排管、中间冷却器等设备都属热交换设备。这些设备在运行中与制冷剂、冷却水、载冷剂——水和盐水长期接触。受这些介质的侵蚀和压力、温度变化的影响，其结构可能发生变形甚至厚度减薄、管道堵塞，如忽视对这些设备的定期检查和计划修理，轻则影响制冷系统的正常运行，重则有可能发生事故。

对于换热设备，应在使用和操作中经常检查载冷剂和冷却水侧是否发生腐蚀，防腐层是否脱落，清洗管板面和传热管等。对于工作满5年的换热设备，大修时应选择典型传热管，如表面有腐蚀痕迹的管子，拔出进行割管检查，决定是否需要更换。

一、传热管污染、堵塞的检修技能

（1）压缩空气吹除油污或灰尘形成的污染和堵塞，一般用0.6 MPa压力的压缩空气进行吹除；小型换热设备可采用工业氮气进行吹除。吹除之前应放掉或抽净设备内的制冷剂和积水，氨制冷系统要特别注意安全，直至吹出的气体中没有油污或杂质时为止。

（2）手工清除管子外表面及散热器表面聚积的污垢，可用钢丝刷或铜丝刷进行刷洗。清洗卧式壳管式冷凝器传热管内的污垢时，可用螺旋形钢丝刷、铁棒之类的工具在管子内来回小心地拉刷，然后用压缩空气或带压力的水进行清洗，也可用定型的软轴洗管器滚刮。

（3）化学清洗水垢一般称为酸洗，对不能直接用手工方法清洗的换热设备和结垢严重的管道多采用此法。

酸洗法除垢有酸泵循环法和灌入法（直接将配制好的酸洗溶液倒入换热管子）两种。

1）酸泵循环法：

①首先将制冷剂全部抽出，关闭冷凝器的进水阀，放净管道内积水，拆掉进水管，将冷凝器进、出水接头用相同直径的水管（最好采用耐酸塑料管）接入酸洗系统中，如图5—1所示。

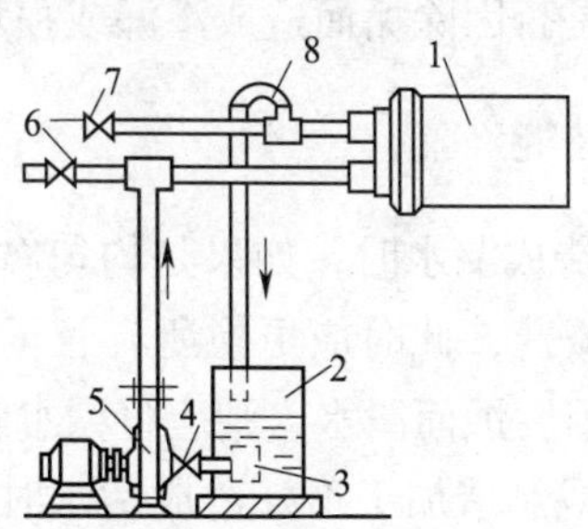

图5—1 酸洗法除垢

1—冷凝器 2—溶液箱 3—过滤网 4、6、7—截止阀 5—耐酸泵 8—回流弯管

②向用塑料板制成的溶液箱中倒入适量的酸洗液。开动耐酸泵，使酸洗液在冷凝器管中循环流动，使水垢溶解脱落。

③酸洗后，停止耐酸泵工作，打开冷凝器的两端封头，用刷子在管内来回拉刷，然后用水冲洗一遍。重新装好两端封头，利用原设备换用1%氢氧化钠溶液进行循环流动清洗，中和残存在管道中的盐酸清洗液。最后再换用清水清洗两遍。

2）灌入法除垢如图5—2所示。

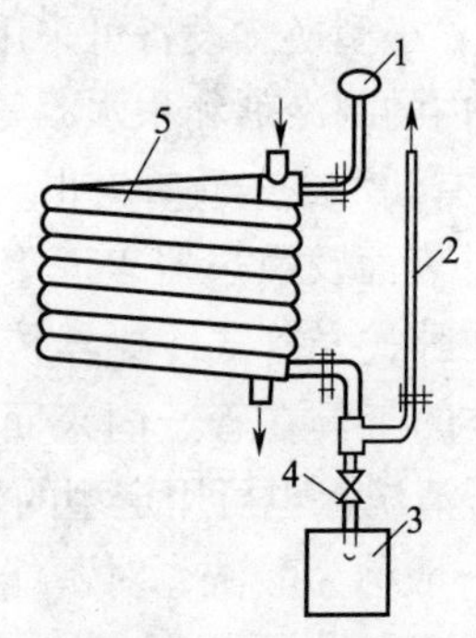

图5—2　灌入法除垢

1—清洗液入口管　2—排气管　3—水箱　4—截止阀　5—套管式冷凝器

开始时慢慢地向冷凝器中倒入酸洗液，观察排气口没有气体排出时，在冷凝器中倒满酸洗液后放置浸泡，然后放掉酸洗液，用清水冲洗数遍即可。

不管采用何种除垢方法，除垢工作完成后，都应对换热设备进行打压试验，检查管道是否因除垢而造成渗漏或损坏。

二、漏水管子的检修技能

（1）因腐蚀原因造成漏水时，如果是均匀腐蚀，则所有管子都可能因腐蚀而造成管壁减薄，此时应更换所有管子或换热器；如果是管子的某一处或某一点因腐蚀而漏水，则应将漏水管子抽出更换新管。

（2）因管子质量或制造加工不好造成漏水时，应确定是某一根还是全部漏。单根或少量漏时，可更换漏水的管子，若多数管子漏水，则换掉全部管子。

（3）管子因胀接、焊接不好造成漏水时，应对漏水部位进行补焊或重新连接。对胀接的管子，胀口松动时，可以进行扩胀。管板的管孔受到损伤后，用胀接的办法不能将管子与管板管孔胀死或管子中间出现裂缝可采用焊接管塞的办法修复。

（4）冻结造成管子破裂时，很可能有很多管子同时冻裂。此时应更换新管。若只有 1 ~2 根管子破裂，可采用管塞闷死或焊死的办法进行处理。

（5）传热管变形的检修。受压变形严重的管段可用手锯截去，然后更换同等长度、同等规格、同样材料的管子。更换前应将系统制冷剂抽净，两管对接处必须加直径合适的套管后进行焊接。不允许在两管对接处用细管插接。不允许在氨味较大的情况下进行焊接，以保证焊接质量和人身安全。

第四节　制冷空调设备运行操作典型事故案例分析

一、爆炸事故

1. 压缩机爆炸事故

（1）事故过程

某医院中央空调机房，一台 4FV12.5 冷水机组检修后试机过程中，开机后即见火花冒出，随即整个机组发生强烈爆炸，现场五人，死亡一人，重伤四人。40 m^2两层结构的机房炸塌，整个机房被毁；医院玻璃大部分震碎，气浪造成铝合金门全部严重变形，居民点受强烈震感，并有飞行残片落下，所幸工质为氟利昂，后经消防部门抢救后未继续造成间接伤害。

（2）事故原因

当机组检修后，检修人员（即死伤操作工）为排除机内空气在无氮气情况下擅自决定充氧排气，纯氧具有强烈的助燃作用，氧气与机内冷冻油接触后，加速冷冻油的氧化反应，同时又大大降低冷冻油闪点，闪点又与氧气浓度成反比关系，这样一来，压缩机实际上被人为形成一颗待爆炸弹。当压缩机启动后，传动副摩擦造成的局部高温超过油燃闪点时引发氧气燃爆导致整机爆炸。

（3）预防措施

排除机内空气可使用氮气或压缩空气。压缩空气应经过干燥处理，无条件时可采用空气压缩机或系统中的某台制冷压缩机来产生压缩空气。对于氟利昂系统应使用氮气吹污排气。制冷压缩机压缩空气时，排气温度升高很快，应停停升升，控制压缩机的排气温度不超过允许值。对制冷机组吹污的过程亦即排气过程，无论在任何情况下绝对不允许使用氧气。

用氮气时应在氮气瓶与系统间安装减压阀；如采用空压机，则应采用双级机。压力试验或排气时要求采取的安全措施有：

1）用压缩机压缩空气时，排气温度不得超过120℃，油压不高于0.3 MPa。

2）压缩机进、排气压力差不允许超过其限定工作条件1.4 MPa。

3）不允许关闭机器和设备上的安全阀。高压系统试压时，可将低压系统的气体输送至高压系统，以防止低压系统压力超高、安全阀开启。

4）系统试压时应将氨泵、浮球阀和液位计等有关设备的控制阀关闭，以免损坏。

2. 压缩机曲轴箱爆炸事故

例1：压缩机曲轴箱爆炸事故

（1）事故过程

某市渔业公司冷冻厂内，制冷安装公司在安装冻结库的设备过程中，由于违反安全操作规程，引起制冷压缩机曲轴箱爆炸（制冷压缩机为上海冷气机厂1984年6月生产的2F10型压缩机），造成现场作业的五名工人伤亡，其中一人当场死亡，其余四人受重伤，烧伤面积达60%～80%，损失惨痛。

（2）事故原因

事故发生的原因是在制冷压缩机试压时，用氧气代替氮气试压，致使压缩机曲轴箱润滑油发生剧烈的氧化反应，在3 min内润滑油产生自燃，一声沉闷的爆炸声后，压缩机曲轴箱炸得四分五裂，门窗玻璃全部震坏；室内燃起大火，火焰从门窗窜出。

（3）预防措施

这起重大事故的肇事者缺乏最基本的理论知识，竟然用氧气代替惰性气体氮气来试压，属于严重违章作业，导致了重大事故，给国家财产和人身安全带来了不应有的重大损失。

从这起制冷压缩机曲轴箱爆炸事故得出的教训是，施工人员除了熟悉管道和设备的安装技术外，还必须具备一定的理论知识。另外，还必须加强对制冷操作人员和设备安装人员的系统培训，未经培训的应一律不准上岗。有关部门单位必须对事故的危害性提高认识，建立健全安全制度，杜绝类似事故的再次发生。

例 2：压缩机缸体爆炸事故

（1）事故过程

某商业制冷设备二分厂喷漆车间的 1 台正在运行的 2F65 型氟利昂压缩机出现异常情况，缸体温度逐渐升高并冒出一缕缕青烟和阵阵焦煳味，机壳油漆层出现一块块龟裂。操作工立即停工检查，发现曲轴箱内缺少润滑油，遂将油桶内仅剩下的 250 g HD—18 号冷冻机油注入机内后，继续开机。20 min 后，因压缩机排不出空气，操作工又去清理压缩机的出气阀。突然，一声巨响，压缩机缸体爆炸，强大的冲击波从车间内喷出，一名距压缩机 4 m 处的女工被碎片击中头部，当场死亡，另一名男青年的左腿被炸成粉碎性骨折。

（2）事故原因

压缩机缸体发生爆炸通常有两种情况，即超压物理性爆炸和因润滑油蒸气形成的化学性爆炸，此次事故属于哪一种呢？

经检查发现，进出气阀并未堵塞，即使超压，传动带发生打滑也可起一定的保护作用。由此判断，压缩机不是由于压力剧升而引起的物理性爆炸。

那么，爆炸的直接原因只能有下面几个：

1）机壳发热冒烟，说明机壳的温度已升到 250℃以上。采用的 18 号冷冻机油的闪点是 160℃，自燃点是 350℃，在高温下很快挥发成润滑油蒸气，并与空气混合，因此形成了可燃性爆炸混合气体。

2）冷冻机润滑油突然加进高温下的曲轴箱内，必定迅速发生汽化，而曲轴又以500 r/min的速度搅动，更加快了润滑油的汽化速度。曲轴箱内的容积为4.5 L，加入的润滑油只要有115 mg挥发，即可达到爆炸极限。

3）由于缸体长期不检修清洗，润滑油氧化后逐渐形成大量积炭，由于活塞与缸体多处拉毛摩擦，空气反复压缩产生高温，易燃的积炭成为引起燃烧的火源。从以上分析中可以看出，可燃气体化学性爆炸的危险要素在缸体内已完全具备。

（3）预防措施

1）经常检查压缩机缸体表面温度，当缸体表面温度超过警戒温度时要及时停机或查清温度升高的原因，绝不能带着危险状况继续开机运行。

2）向压缩机曲轴箱内注入润滑油时要待设备降温后进行，应严格执行润滑油充注操作规定。

3）开机作业时不得进行危险性的维修操作，必须要停机降压后进行。尤其是压力阀门更不可随意清理。

3. 违规操作爆炸事故

例1：缸体突然爆破事故

（1）事故过程

某石化公司炼油厂调度通知北酮苯车间置换原料，开2号氨压机降温。生产班长会同有关人员做好了开机准备，空运2 min，机组运转正常。当有关人员按程序打开二段入口阀时，缸体突然爆破，氨气喷出，将现场2名操作员熏伤。其中一人因原有疾病，经抢救无效死亡。设备爆破损失0.36万元。

（2）事故原因

该氨压机二段入口管线内存有液氨。这次开机前，该机已停运128 h。这期间，系统内其他氨压机仍在工作，中间罐压力达0.4 MPa。时值冬季，气氨在这个压力下冷凝于入口管线之中，致使当二段入口阀门开启后，液氨进入缸内，压力剧增，缸体破裂。

（3）预防措施

开机前应全面检查设备整体状况，开始进行每一步操作时要检查各个仪表的指示值，根据设备运行基本原理分析设备所处状态，以

“安全第一，预防为主”的原则，严格按照操作程序安全操作。本来，这台氨压机在1976年曾发生过类似的事故。因此更应通过这次事故在工艺、设备、操作人员素质等方面认真采取措施，防止再次发生类似的事故。

例2：氨压机带液爆裂事故

（1）事故过程

某石化公司炼油厂重质酮苯脱蜡装置发生氨压机带液爆裂事故，当班一名操作工被氨冻伤、中毒、窒息，经抢救无效死亡。

当日零点班，氨压机502/1二段缸出口串气严重。按车间要求，白班要切换到备机502/2运转。7时44分，制冷操作员和另一人做开车前准备。7时50分，班长到现场见2人已在机旁准备开机，2人既未汇报，班长也未询问开机准备情况。7时55分，制冷操作员启动509/2机空运无异响。打开二段入口阀和二段负荷阀也无异常。当关闭设备放空阀后，在将二段缸进口阀打开一扣多时，二段缸出现异常响动，并越来越大。操作员根据班长命令紧急停机，分别迅速撤离现场时，二段缸出口侧缸体爆裂。氨气大量喷出，瞬间整个机房充满白茫茫的氨气。8时05分，已达到爆炸极限的氨气又遇正在运行的同步电机火花，再次发生爆炸着火。

事故抢救中发现内冷操作员倒在离502/2机操作台22 m处。经现场人工呼吸后送医院抢救，终因氨气中毒窒息时间过长，加之严重氨冻伤，抢救无效死亡。另一名操作员轻度冻伤。

事后检查，502/2机二段缸出口侧崩开一块910 mm×630 mm椭圆形孔洞；崩裂的缸体碎落在距机东南4 m处，二段缸出口阀处于全开状态，入口阀开度1~2扣。事后试验二级出口安全阀试压2.5 MPa不起跳（原起跳定值1.5 MPa）。设备损坏直接经济损失0.6万元。

（2）事故原因

1）内冷操作员严重违反操作规程。操作规程明确规定：“中间罐内有压力或液面时，要处理完毕才能开车”“开车前准备工作确认无问题后，联系电工送上高压电，报告班长听候开车”。开机前，未确认中冷器538/2液面状况和二段缸进口管是否存液，见到班长也未汇报就开机；在开二段缸进口阀时，速度又控制不好，违反操作规程关于

“开一段、二段入口阀时，速度要缓慢，防止氨压机抽液或超压”的规定，致使液氨进入缸体。

2）设备存在缺陷。502/2 机在停机检修后备用，至开机前已停用 8 天。与 502/2 机进口相连的二段中冷器也相应处于停用状态。经试验，中冷器液氨喷淋调节阀的副线阀关不严，8 天时间渗漏的液氨使中冷器液面满，液氨串入 538/2 机至 12 m 长的进口管内；538/2 机液面控制仪表指示失灵，难以准确认定液面；538/2 机顶部安全阀下面的截止阀也被关闭，安全阀失去保护作用。

3）同步电机所产生火花引起已达爆炸极限的氨气、空气混合气爆炸，使事故进一步扩大。

（3）预防措施

1）严格遵守操作规程，中间罐内有压力或液面时，要处理完毕才能开车。开机或开启阀门时动作要缓慢，速度要缓慢，防止氨压机抽液或超压。

2）开机前应全面检查设备整体状况，开始进行每一步操作时要检查各个仪表的指示值，根据设备运行基本原理分析设备所处状态，以“安全第一，预防为主”的原则，严格按照操作程序安全操作。

3）机房应具备良好的自然通风或强制通风设备，防止有毒制冷剂聚集，更重要的是经常检查设备渗漏情况，把“安全第一，预防为主”落实到实处。

（4）类似事故案例

1）某氮肥厂合成 1 号循环机维修时，由于出口阀门泄漏，工作场地氨气浓度很大，1 名钳工违反安全操作规程，用一块 5 mm 厚的铝板作为高压盲板，装在出口管法兰处，致使管道内压力急剧上升，最后超压引起氨气爆炸起火。该钳工被烧伤致死，一名技术员被烧成重伤，烧伤面积达 70%，另有 1 人轻伤。

2）某化工总厂合成车间，因 1 名实习生不懂操作技术，将液氨计量瓶充氨过量，加之接班的作业工未进行检查处理，致液氨温度升高，计量瓶压力骤增而发生爆炸，造成 1 名化工作业工死亡，两人重伤。

3）某县氮肥厂机电车间配电房 1 名作业工工作不负责任，违反安全操作规程和劳动纪律造成合成液氨储槽超压爆炸，浓氨冲出进入配电房，值班电工冒着生命危险两次冲入配电房拉电闸，结果因氨中毒过重，送医院抢救无效死亡。

4）某市化肥厂合成车间，1 名工人将氨分离器至氨计量槽的阀门打开后便脱岗与他人谈话，致计量槽超压爆炸，造成在附近作业的 1 名木工氨中毒死亡。

二、设备损坏事故

1. 压缩机断油引起轴瓦烧坏等事故

例 1：压缩机断油引起轴瓦烧坏

（1）事故过程

某冷冻厂 S817 氨双级压缩机的润滑系统，采用油泵压力供油方式。配有的油三通阀具有“加油”“放油”和“工作”三种工作状态。一次，某台氨机曾因故调在“放油”位置，交班时未将手柄复位至“工作”位置。接班师傅在开车时未加注意，当机器开车后发觉油压不起，检查发现三通阀位置不对，随即停车，前后历时不足 3 min。经检查后发现，由于油泵未上油使一副轴瓦烧坏，高压缸有一根连杆在大头处受热变形，另一次，其他一台同类型的压缩机在运转中进行加油操作。油加好后关闭了外接油管总阀门而忘了将机上的三通阀拨到“工作”位置，运转不久，因机器断油，使活塞过热而卡在汽缸里，电动机自动跳闸，经拆检后发现汽缸拉毛，低压缸三副轴瓦烧坏。

（2）原因分析

油路三通阀在“工作”位置时，油泵吸入口与曲轴箱相通，润滑油经曲轴箱过滤器被油泵吸入并压送至各润滑点。“加油”位置时油泵吸入口和外接油管、油槽相通，而在“放油”位置时曲轴箱和外接油管相通，上述两事故发生时，油泵吸入口位置均不与曲轴箱连通，因此造成断油引起轴瓦烧坏等事故。

（3）预防措施

必须加强岗位责任感，切实做好交接班工作，开车前必须严格按操作规程要求，做好开车前各项准备工作，包括检查油三通阀是否处于“工作”位置。

例 2：压缩机缺油引起电动机线圈击穿

（1）事故过程

某厂在新建的装配式冷库分别采用了 R22 和 R502 的制冷系统。工程中选用的机组为半封闭压缩冷凝机组。当系统安装完毕，经过试压、检漏、排污和工质充注以后，即开始对系统进行调试运行。经过数天的间歇运行，忽然有一次引起热继电器动作使压缩机停机。调试人员将继电器保护电流稍许调大，再次接通电源，立即引起低压断路器跳闸，仅见机头上的冷却风扇偏转动作一下，未见压缩机动作，拆机后发现电动机线圈有一处击穿，多处擦伤。

（2）原因分析

对机器和电路做外观检查，发现视镜中油已下降至最低线以下，在确认机组除电动机三相线路有不平衡之外，其他线路均正常后，关闭吸、排气阀并使机内工质放空再次瞬间通电，机器仍不动作而低压断路器仍立即跳闸。于是松开机头螺栓，取下缸盖和阀板，发现缸内一侧有明显发黑痕迹，活塞处于行程中间偏上位置，擦净缸壁可见拉毛痕迹。拆开非电动机一侧主轴承盖，发现轴衬内表面也有擦伤痕迹。只能将机器吊下作全面拆检和修理。此后进一步拆检发现电动机侧吸气通道内有不少系统垃圾诸如氧化皮、焊渣、金属碎屑等。电动机线圈有一处击穿，多处擦伤。

（3）预防措施

事故案例反映出工作中的疏忽粗心。为了避免今后再次发生这种事故，新的制冷系统在安装过程中必须严把清洁关，安装完成后严格遵守试压、排污、真空检漏、加油加工质等必要程序，调式过程中注意更换干燥过滤器。氟利昂制冷系统固然在系统设计时要精心考虑运行过程中润滑油能否返回压缩机的问题，而新系统在管路较长的情况下，调试过程中更不应忘记及时补充添加润滑油。

2. 氨制冷压缩机进水事故

（1）事故过程

某厂小冷库一台 4V—12.5 制冷压缩机启动后上载时，突然发出严重的金属撞击声，卸载后撞击声仍无法消除，由于声音异常，操作人员立即作停机处理。停机约 1 h 后，盘转联轴器，发现盘车约 1/4

圈后即无法转动，但松手后联轴器有轻微的自动倒转现象。当拧开卸载油缸盖螺塞后，有许多冷冻油从螺孔排出。油活塞已被卡住，处于顶进状态，无法回弹卸载。退出油活塞后，盘车手感很轻松。从排出的冷冻油中发现，含有水分和机械杂质。

第二天进一步检查处理时，发现吸气压力表指示为真空，油面镜显示油呈白色，打开汽缸盖后，排气腔中充满了油水混合物，曲轴箱中也有超出正常油面很多的已被乳化的冷冻油。

（2）事故原因

事故原因分析主要是曲轴箱中漏进了大量的水。由于有过多的水存在，使曲轴箱液面超出了正常的油面，每当曲轴随电机转动时，就使曲轴箱中的乳化油被击起而大量飞溅，因而当机器上载后这些乳化油部分地被吸入汽缸，从而引起液击，发出了金属撞击声。同时，上载时机械杂质也随冷冻油进入卸载油缸中，一方面油活塞被顶进；另一方面油活塞环因机械杂质过多而胀死，使油活塞被卡住。在这种情况下，即使把油分配阀打到“0”位，油活塞还是无法回弹，压缩机的汽缸就始终处于上载状态。这样就产生了虽“卸载”但仍有金属撞击声和盘车受阻的现象。

由于曲轴箱中有大量的水存在，常压下的大部分氨气被水所吸收，因而使曲轴箱中产生了一定的真空现象。

那么水是从哪里进入曲轴箱的呢？经过对通水零部件的水压试验，排除了汽缸盖和油冷却器漏水的可能性。再对机旁油分离器的水套进行 24 h 水压试验（卸掉油分离器内压），结果发现油分离器容器壁漏水，系长期腐蚀所致。

原来为更换油分离器出气阀下法兰处的螺栓，曾把油分离器的内压通过放油阀排至曲轴箱。由于此时油分离器和曲辆箱中内压低于水压，使水不断地透过油分离器壁漏入曲轴箱中，而且有关人员一直忘记关掉放油阀，制冷机冷却水在停机时也都开着。由于上述原因，加上时间又较长，致使漏进曲轴箱的水相当可观。

（3）预防措施

为了防止类似现象再度发生，使用过程中应定期对压缩机通水零部件进行耐压试验。一般情况下也可进行简易的水压试验，以便及时发现泄漏问题。

对操作人员和维修人员应加强工作责任心教育。维修后应及时把系统恢复，停机后及时关闭冷却水。

3. 螺杆式压缩机转子严重磨损事故

（1）事故过程

某冷冻厂有一台 KF12.5C 螺杆式压缩冷凝机组（使用 R22 制冷剂），油压一直不正常（正常油压比高压应高 0.147 ~ 0.294 MPa）。起初该机组运转制冷过程油压很接近高压，虽经对油路、油泵、压力表等进行检查处理，且把油压调至极限值，但油压比高压仍只高 0.009 8 ~ 0.04 MPa。当时一方面因油压差继电器失灵，另一方面因启动油泵而主机未运转时油压比高压高 0.196 ~ 0.294 MPa，况且制冷过程尚未发现什么异声或其他问题，所以该机组一直未按正常情况使用，但后来发展到油压比高压低 0.098 ~ 0.196 MPa，制冷量逐步下降，机头经常结厚霜，低压异常下降，而相应库温并不低，后经全面拆检，结果发现阴、阳转子主轴颈磨损相当严重，表面氮化层几乎磨光，滑动轴承损毁严重，已先后更换几次，经测量，排气端主轴颈磨损量为 0.21 mm（阳转子）、0.205 mm（阴转子），吸气端主轴颈磨损量为 0.20 mm（阴、阳转子），超过标准配合间隙（0.05 ~ 007 5 mm）2 ~ 3 倍，不能继续使用。

（2）事故原因

1）油压不高的原因主要是由于开始操作不当，操作者在油温和排气温度低的情况下立即加载至 100%，且时而出现结霜运行现象，使高效油分离器（分油率达 99.9%）分油效果大大下降，导致相当部分油随氟利昂被带进冷凝器、蒸发器中，同时部分氟利昂溶于油中，使油泵输油量减少。

2）转子主轴颈磨损量大大超标，主要是由于油压低、长期缺油、高速（2 960 r/min）运转，油的黏性下降，发生半干磨现象，日积月累，磨损量增大。

3）油压发展到比高压低 0.098 ~ 0.196 MPa，其主要原因是由于吸气端主轴承和主轴颈磨损后配合间隙太大，润滑油起不到密封作用，向低压系统串漏，造成油压明显下降。

4）制冷效果下降，主要是油压低，喷油不充分，阴阳转子之间、转子和缸体之间密封性差，以致漏气，降低输气系数；另外由于蒸发器中油和 R22 的互溶状态在低温下分离出的富油层生成油膜，热阻增大，传热系数降低，R22 溶油后，蒸发压力下降，制冷量降低。

（3）预防措施

控制油温在 30℃以上，排气温度在 40℃以上，方可加载，严禁把能量一下子由 0 升至 100%。根据库房冷负荷的变化，及时调整能量调节阀，确保油分离器的分油效果，保证油箱有足够油量，细心观察机器运转过程“三表”（高压表、油压表、低压表）的变化，杜绝低油压下强制运行现象。

三、有毒制冷剂泄漏事故

例 1：冷库氨泄漏事故

（1）事故过程

某市副食品公司新建氨冷库突然发生大量氨气外泄的重大事故，造成附近居民区一大片地区弥漫着阵阵浓烈的氨气，幸经各有关领导机关及时组织力量进行抢救，人防办化学救险人员赶至现场关闭氨阀，终于在不到半小时内化险为夷。

（2）事故原因

经过对现场酿成事故的氨截止阀进行拆检分析，初步在技术上做出以下分析：

1）该截止阀各零部件未发现有不正常的制造质量问题。

2）造成氨液外泄的直接原因是操作人员在操作阀门开启过程中，不慎将阀芯组合件随阀杆的旋动一起旋出阀体。

3）截止阀在安装完成后由隔热层将阀颈部位全部包没，造成误操作时无法及时发现予以纠正，也是造成事故扩大的客观因素之一。

（3）预防措施

1）对带有丝扣阀颈的截止阀必须在安装完成和开机前逐个检查阀颈与阀体连接的紧密程度，应保证有较大的预紧力以防止在开启到位条件下发生误操作。

2）在启闭截止阀时虽采用允许扳手助一臂之力，但必须按阀门尺寸大小规定采用允许的最大扳手规格，防止用力过大造成事故。

3）截止阀的外包隔热层不宜做得太大，而应力求将阀颈部位露出外面，以便在误操作时能及时发现和纠正，避免上述类似事故的发生。

例 2：阀门未关紧引发氨气泄漏事故

（1）事故经过

某日晚 10 时许，一制冷工厂发生氨气泄漏事故。事发突然员工来不及取防毒面具，一股刺鼻的味道就扑鼻而来，在确定是氨气泄漏后，消防官兵带上防毒面具进入工厂内部查找泄漏源头，发现是一处阀门未关紧，随后迅速进行了处理。

引发 15 死 25 伤的上海某公司的“8·31”液氨泄漏事故的直接原因，也被认定系公司生产厂房内液氨管路系统管帽脱落引起。

氨压缩机房操作工在氨调节站进行热氨融霜作业。不久，单冻机生产线区域内的监控录像显示现场陆续发生约 7 次轻微震动，单次震动持续时间为 1 ~6 s 不等。此后，正在进行融霜作业的单冻机回气集管北端管帽脱落，导致氨泄漏。

（2）事故原因

严重违规采用热氨融霜方式，导致发生液击现象，压力瞬间升高，致使存在严重焊接缺陷的单冻机回气集管管帽脱落，造成氨泄漏。管帽连接焊缝存在严重焊接缺陷，导致焊接接头的低温低应力脆性断裂，致使回气集管管帽脱落，也是造成氨泄漏的重要原因之一。

（3）防范措施

1）加强教育培训，提高从业人员的安全意识和操作技能；严格特种作业人员管理，杜绝无证上岗。

2）经常排查和治理安全隐患；加强应急管理，尤其要加强应急预案建立和应急演练，提高事故灾难的应对处置能力。

3）采取生产作业人员与涉氨设施相隔离的措施，使用正规标准符合质量要求的零部件。

通过这两起事故我们应吸取深刻的教训，在操作维修工作中要严格执行操作人员持证上岗制度，在加强管理的同时企业应该认真履行设备的计划检修制度和设备的运行管理制度，使事故的发生防患于未然。

第六章　制冷与空调设备安全运行操作技能

第一节　制冷与空调设备开停机操作技能

一、制冷与空调设备运行前的准备工作

1. 开机前的准备

制冷压缩机的使用和操作正确与否，直接关系到制冷空调设备运转的经济性、安全性和使用寿命。

制冷压缩机开机前首先要查看设备运转记录，主要查看设备的开机、停机时间，特别是上一次停机的原因和时间，如因故障停机，必须修复后才能使用。同时，要查看运行工况参数，以及交接班记录的其他情况，然后再进行开机前的检查工作。

（1）压缩机检查

1）检查并确认电动机、压缩机保护罩完好，周围无杂物。压缩机启动前曲轴箱内压力应不超过0.2 MPa，否则应打开吸气阀进行降压。低压系统压力高于0.2 MPa时，应通过高压排气阀下的排空阀降压至0.2 MPa以下。曲轴箱油面不得低于视孔的1/2，一般油面高度应为视孔的1/2～2/3。

2）检查压力表阀，查看系统的各压力表阀是否已经全部打开，表的指示值是否符合开机要求。油三通阀应指示在工作位置上。能量调节阀位应在零位或缸数最少的位置。

3）检查压缩机水套供水管路的连接情况，查看油冷却器进、出水阀是否已经开启并通水。

4）检查压缩机高、低压力控制器，油压差控制器等自动保护装置

能否正常工作。

（2）制冷系统设备上的阀门检查

1）高压系统中油分离器、冷凝器、储液器等的进气阀、出气阀、进液阀应开启；安全阀前的截止阀、均压阀、压力表阀，液面指示器的关闭阀应开启，放空气阀、放油阀应关闭。所有指示和控制仪表的阀门应打开。

2）高压调节站对于自动控制的供液系统，供液阀及总进入阀应开启，不需开机的系统供液阀应关闭。

3）检查储液器液面，高压储液器储液量应控制为30% ~80%；低压储液器和排液桶一般不存液，当存液超过30%时应早排液；循环储液器及氨液分离器的液面应保持在控制液位上。

4）检查中间冷却器。中间冷却器的进、出气阀，蛇形盘管进、出液阀和液位控制器气体、液体平衡管阀应开启。中间冷却器的放油阀、排液阀、手动调节阀应关闭。液位指示器指示液位过高应先排液，液位过低应先供液。中间冷却器压力应控制在0.5 MPa以内。

（3）其他设备检查

检查氨泵、水泵、盐水泵和风机的运转部位应无障碍物，电机和各设备应能正常工作，电压正常。然后对所有用电设备进行供电检查，查看仪表能否正常显示。

以上所有检查确认可以正常工作后，开启冷却水泵，向压缩机汽缸水套和曲轴箱内油冷却器以及冷凝器供水。至此，开机前准备工作完成。

2. 螺杆式冷水机组开机前的准备工作

（1）检查压缩机四周是否有杂物，安全防护装置是否完好。

（2）检查压缩机转子转动是否灵活，有无卡阻现象。

（3）检查各保护装置及整定值是否正常。

（4）检查各开关位置是否正常，检查电源是否符合启动压缩机的要求。

（5）检查油位是否符合要求。

（6）检查系统中所有阀门所处开闭位置是否正确。

（7）冷却水、冷水管路应畅通，检查水泵能否正常工作。

（8）检查滑阀是否在0位置。

（9）观察高、低压情况，应均处于均压状态。

3．离心式制冷压缩机开机之前的准备工作

（1）检查制冷压缩机、齿轮增速器、抽气回收装置等设施的油面。

（2）检查压缩机油槽内的油温，应保持为55～65℃。油温太低时应加热，以防止过多制冷剂溶入油中。

（3）启动抽气回收装置5～10 min，排除可能漏入制冷系统内的空气。

（4）启动冷媒水泵、冷却水泵，调整其压力和流量，并向油冷却器供水。

（5）通过手动控制按钮，将压缩机进口导叶处于全闭位置。

（6）启动油泵，并检查和调整油压。

（7）检查控制盘上各指示灯，发现问题及时处理。

二、制冷压缩机和制冷系统安全开机操作

1．单级压缩式制冷压缩机的开机

（1）转动精油过滤器手柄数圈，以防止油路堵塞，避免油泵不上油。

（2）转动联轴器2～3圈，发现手感过重，应查明原因，清除故障后才能启动。

（3）开启压缩机排气阀，接通电源，启动压缩机。

1）手动启动：按“启动”按钮后电机达到额定转速时，按“运转”按钮，电机正常运行。

2）自动启动：按“自动”按钮后电机达到额定转速时，自动切换到“运转”挡位。

（4）缓慢开启吸气阀，随时注意电流表的指示值，吸气表压力控制在微正压。若发现压缩机有霜，应立即关小吸气阀，待霜消除后逐步加大吸气阀的开启度，直至完全开启。

（5）调整油压，使其比吸气压力高0.1～0.3 MPa。

（6）将能量调节手柄从最小容量逐级调整至所需容量，直至全负荷运转为止。

（7）待压缩机运转正常后，开启有关阀和液泵，根据热负荷和温

度情况，向用冷部门提供所需的制冷剂液体。同时，记录压缩机开机时间、吸气温度、排气温度、压力、油压和电流等参数。

2. 双机双级压缩机的开机

（1）检查高、低压压缩机停机联锁装置，看其能否正常工作。

（2）调整高、低压压缩机吸、排气管路有关阀门。

（3）先开启高压压缩机，开机过程与单级压缩机开机过程相同。然后当其运转正常且中间冷却器压力降至0.1 MPa后，启动低压压缩机。

（4）调整能量调节装置到低压级缸的1/3位置，缓慢打开低压级吸气阀，直至低压级吸气阀全部打开。

（5）打开中间冷却器、低压循环储液桶供液阀，并保持容器内的正常液位。

（6）开启液泵，根据热负荷和温度情况，向用冷部门提供所需的制冷剂液体。

（7）记录压缩机开机时间、吸气温度、排气温度、压力、油压和电流等参数。

3. 单机双级压缩机的开机

（1）转动精油过滤器手柄和转动联轴器数圈，看其能否轻松转动。

（2）将能量调节装置调到最小容量位置。

（3）开启高、低压级汽缸排气阀。

（4）启动压缩机并开启高压级吸气阀，此时排气压力应<15 MPa。

（5）中间冷却器内压力为0.1 MPa时，将能量调节装置调至正常工作位置。

（6）开启低压级吸气阀，其操作与单级压缩机操作过程相同。

（7）开启液泵，向蒸发器供液。

（8）做好开机记录。

4. 螺杆式冷水机组的开机

螺杆式压缩机种类较多，一般的开机操作程序如下：

（1）检查高低压压力，若高低压不平衡，则开启平衡阀（吸气过滤器旁通阀），使高低压压力平衡后，再关闭平衡阀。

（2）向机组电气控制装置供电，并打开电源开关，使电源控制指示灯亮。

（3）启动冷却水泵、冷却塔风机和冷媒水泵，应能看到三者的运行指示灯亮。

（4）检测冷冻机油的油温是否达到30℃。若不到30℃，应打开电加热器进行加热，同时可启动油泵，使冷冻机油循环，温度均匀升高。

（5）启动油泵，将能量调节控制阀置于减载位置，并确定滑阀处于零位。

（6）调节油压调节阀，使油压达到0.5～0.6 MPa。

（7）闭合压缩机的启动开关，打开压缩机的吸气阀，经延时后压缩机自动启动运行。

（8）在压缩机运转后调整油压，使其高于排气压力0.15～0.3 MPa。

（9）闭合供液电磁阀控制开关，打开电磁阀，向蒸发器供液。将能量调节装置置于加载位置，并随着时间的推移，逐级增载。观察吸气压力，调节膨胀阀，使吸气压力稳定在0.36～0.56 MPa范围内。

（10）压缩机运转以后，当冷冻机油温度达到45℃时断开电加热器的电源，同时打开油冷却器的冷却水的进、出口阀，使压缩机在运行过程中油温控制在40～55℃范围内。

（11）若冷却水温度较低，可暂时将冷却塔的风机关闭。

（12）将喷油阀开启1/2～1圈，同时应使吸气阀和机组的出液阀处于全开位置。

（13）将能量调节装置调至100%的位置，同时调节膨胀阀使吸气过热度保持在6℃以上。

5. 离心式制冷压缩机开机

（1）扳动操作盘上的启动开关使之置于启动位置。

（2）机组启动后注意观察电流表指针的摆动，检查机器有无异常响声，检查增速器油压上升情况和各处油压。

（3）当电流稳定后，慢慢开启进口导叶，注意不使电流值超过正常值。当冷媒水温度达到要求后，导叶的控制由手动转为温度自动调节控制。

（4）调节冷却水量，保持油温在规定值内。

（5）检查浮球阀的动作情况。

（6）启动完毕、机组进入正常运行时，操作人员还须进行定期检查，并做好记录。

三、制冷压缩机的安全停机操作

1. 单级压缩机安全停机

（1）最后一台压缩机停机，停机前半小时，关闭供液调节阀，停止向制冷系统供液（非最后一台停机时，关闭有关供液阀即可）。

（2）系统中回气压力降低后，将能量调节装置调整为满载的1/4，并关闭吸气阀。回气压力为0.05 MPa时，将能量调节装置调至零位。

（3）切断电源，使压缩机停止运转，关严排气阀。

（4）5～10 min后停止向水套供水（冬季应将冷却水放净）。

（5）做好各有关技术参数的记录。

2. 双级压缩机的安全停机

（1）停机前半小时，停止向低压循环储液桶、中间冷却器供液。

（2）调整能量调节装置到高压级位置，并关闭低压吸气阀。

（3）中间冷却器压力降至0.1 MPa时，将能量调节装置调到零位，同时关闭低压级吸气阀。

（4）切断电源，关闭高压级吸气阀。

（5）5～10 min后，关闭供水阀（冬季停机应放净积水）。

（6）做好停机记录。

3. 螺杆式冷水机组安全停机

（1）关闭供液阀，将能量调节手柄转到减载位置，关小吸气阀。

（2）待滑阀回到40%～50%位置以下且蒸发器中压力下降到一定值时，按下主机停机按钮，停止主机运转后，关闭吸气阀。

（3）待减载到零位后，停止油泵工作，可同时关闭油冷却器供水阀。

（4）冷却水泵和冷水泵再运行16～20 min后，可停止运行。

（5）切断机组电源。

（6）冬季停机后放掉冷凝器和油冷却器中的水，以防冻裂。

（7）做好停机记录。

4. 离心式压缩机安全停机

（1）将主机开关置于停机位置，切断电机电源，电动机和压缩机停止工作。压缩机进口导叶应自动关闭，若无动作，则用手动控制。

（2）关闭油系统中的回气阀，主机完全停稳后，再停油泵。

（3）关闭冷却水泵、冷却塔风机、油冷却器冷却水和蒸发器冷冻水泵。

（4）切断所有电源。

第二节　溴化锂吸收式机组的安全操作

溴化锂吸收式机组运行过程中，机房内应有操作人员值班，并要严格遵守操作规程，确保机组安全正常运行。

一、运转前的准备

在机组运转前，要求对机组和辅助设备的状况进行仔细检查，方能启动机组运行。

1. 外围检查

在机组进入运转前，要求对外围辅助设备及动力源进行例行检查。

（1）检查电源、热源是否满足机组要求。

（2）检查冷媒水泵、冷却水泵、冷却塔风机的运转是否正常，连接管道是否漏水等。

2. 机组检查

（1）机组气密性。检查主机真空度，不符合要求时应启动真空泵至真空度合格为止。每年启用前要确认真空度下降量，一昼夜不超过66.7 Pa（0.5 mmHg）。

（2）真空泵的抽气性能。检查真空泵是否处于安全状态，油质、油位是否正常，要求极限抽真空性能不低于 5 Pa。

（3）溴化锂溶液的 pH 值在 9.5 ~ 10.5 范围内，溶液中的溶质质量分数处于正常范围，铬酸锂质量分数不低于 0.1%，且无锈蚀等污物存在。

（4）安全保护设备动作正常。冷媒水和冷却水的压力值和压差值调整要恰当，当其实际压力值小于调整限定值时，应能实现报警和保护，检查各指示仪表指示值是否正确，机组上各阀门开关状态是否符合要求。

（5）检查蒸发器、冷凝器、吸收器中的传热管结垢情况，不允许有杂物堵塞。

二、蒸气型溴化锂吸收式机组安全启动操作

启动机组时，应按下列程序进行。

（1）启动冷却水泵、冷媒水泵，缓慢打开出口阀门，把水量调整到设计值或设计值 ±5% 范围内，同时，根据冷却水温状况，启动冷却塔风机。控制温度通常取 22℃，超过 22℃ 时开启风机，低于此值时，停止风机运转。

（2）启动发生器泵，通过调节发生器泵出口的蝶阀，向高压发生器、低压发生器供液。低压发生器的溶液液位稳定在一定的位置上，通常高压发生器在顶排传热管处，低压发生器在视镜的中下部。

（3）启动吸收器泵。

（4）吸收器液位到达可抽真空时启动真空泵，对机组抽真空 10 ~ 15 min。

（5）打开凝水回热器前疏水器的阀门。

（6）缓慢打开蒸汽阀门，向高压发生器送汽，机组在刚开始工作时蒸汽表压力控制在 0.02 MPa，使机组预热，经 30 min 左右慢慢将蒸汽压力调至正常给定值，使溶液温度逐渐升高。同时，应及时调整高压发生器的液位，使其稳定在顶排铜管处，对装有蒸汽减压阀的机组，还应调整减压阀，使出口的蒸汽压力达到规定值。蒸汽在供入高压发生器前，还应将管内的凝结水排净，以免引起水击。

（7）随发生过程的进行，冷剂水不断由冷凝器进入蒸发器。当蒸发器中水位达视镜位置后，启动蒸发器泵，机组逐渐进入正常运行。

同时，调节蒸发泵碟阀，保证泵不吸空和冷却水的喷淋。

三、蒸气型溴化锂吸收式机组安全停机操作

1. 短期停机操作

（1）关闭蒸汽截止阀，停止供汽。

（2）关闭加热蒸汽后，冷剂水不足时可先停冷剂水泵的运转，而溶液泵、发生泵、冷却水泵、冷媒水泵应继续运转，使稀溶液和浓溶液充分混合。15 min 后，依次停止溶液泵、发生泵、冷却水泵、冷媒水泵和冷却塔风机的运行。

（3）如室温较低，而测定的溶液溶质质量分数较高时，为防止停车后结晶，应打开冷剂水旁通阀，将一部分冷剂水通入吸收器，使溶液充分稀释后再停机。如停机时间较长，环境温度低于 15℃，应把蒸发器中的冷剂水全部旁通入吸收器，再经过充分混合、稀释，判定溶液不会在停机期间结晶后方可停泵。

（4）检查各阀门密封情况，防止停机时空气渗入机组内。

（5）记录蒸发器与吸收器液面高度，以及停机时间。

2. 长期停机

除依上述停机步骤操作外，还应补充以下几点：

（1）停止蒸汽供给后，应打开冷剂水再生阀，关闭冷剂水泵排出阀，把蒸发器中的冷剂水全部导向吸收器，使溶液充分稀释。

（2）打开冷凝器、蒸发器、高压发生器、吸收器及蒸汽凝结水排出管上的放水阀，冷剂蒸气凝水旁通阀，放净存水，防止冻结。

（3）长期停机，每天由专职负责人检查机组真空情况，保证机组真空度。对有自动抽气装置的机组，不可切断机组、真空泵电源，以保证真空泵自动运行。

3. 自动停机操作

（1）按停止按钮，机组自动切断蒸汽调节阀，转入自动稀释运行。

（2）发生泵、溶液泵以及冷剂水泵稀释运行 15 min 后，稀释低温温度继电器动作，溶液泵、发生泵及冷剂泵自动停止。

（3）记录蒸发器与吸收器液位高度，以及停机时间。

第三节 制冷与空调设备停机后的维护、保养操作技能

一、活塞式压缩制冷设备停机后的保养维护

1. 长期停机的维护

长期停机是指停机几个月或更长时间，空调用制冷设备全年工作时间一般为 4 ~ 8 个月，制冷设备在长期停机期间，一般不处于待用状态，故可进行较多的维护工作，设备检修一般也要安排在长期停机期间进行。

（1）活塞式制冷机的维护操作程序。首先按操作规程停机，防止制冷剂的泄漏。停机时，应先关闭供液阀，把制冷剂收进储液器或冷凝器内，然后切断电源进行维护。低压阀门普遍关闭不严，停机后会有少量制冷剂从高压侧返回低压侧（压力平衡后返回停止），为防止泄漏，必要时将吸、排气阀门阀芯拆开，加装盲板，以便压缩机与系统脱开。

（2）曲轴箱润滑油检查。油经检查若没有污染变质时，可把润滑油放出，清洗曲轴箱、油过滤器，然后再把油加入曲轴箱内，不到油位高度时补充新油到位，对新运行的机组，应把润滑油全部换掉。氟机换抽后油加热器可先不投入工作，待开机时根据规定提前对油加热。开启式压缩机停机期间可定期用手盘车，将油压入机组润滑部位，保证轴承的润滑和轴封的密封用油，防止因缺油引起锈蚀。

（3）检查、清洗气阀组件。压缩机气阀，尤其是排气阀片可能因疲劳而出现变形、裂缝，也可因排气温度过高、润滑油积炭或其他脏物黏在阀片与阀座的密封线上，造成关闭不严，维护时应打开缸盖进行检查，发现有变形、裂缝时必须进行更换，并对阀组进行清洗和密封性能试验。

采用阀板结构的气阀时，应检查阀板上阀片定位销、固定螺栓、锁紧螺母是否松动，阀板高低压隔腔垫是否冲破，并进行阀片的密封性能试验。

（4）检查连接螺栓有无松动或裂纹，防松垫片或开口螺栓上的定位销应无松动或折断。换下的定位销按规定不能重复使用，应更换新销子。

（5）检查固定缸盖、端盖的螺栓有无松动或损坏（滑丝），在运行中受压的螺栓不允许加力紧固，所以在维护时应进行全面检查，为使螺栓受力均匀，应采用测力扳手，禁止猛扳或加长力臂（在扳手上加套管）紧固螺栓。

（6）检查、清洗卸载机构，特别是要对顶开吸气阀片的顶杆进行长度测量。顶杆长短不齐会造成工作时阀片不能很好地顶开或落下，这一点往往被忽视，应引起注意。

（7）检查、清洗轴封组件，开启式压缩机多采用摩擦环式轴封，维护保养时应对轴封进行彻底清洗，不允许动环与定环密封面上有凹痕或划痕，同时检查密封橡胶圈的膨胀变形，更换时应采用耐氟、耐油的丁腈橡胶圈，不允许使用天然橡胶圈代替。

轴封组件中的弹簧是关锁零件，弹力过大过小都是不合适的。维护时，轴封套入轴上到位后，在弹力的作用下以能缓慢弹出为宜，否则很难保证轴封不发生泄漏。

（8）检查联轴器的同轴度。由于振动或紧固螺栓的松动，联轴器的轴中心线会发生偏移，造成振动、减振橡胶圈套的磨损加快、轴承温度上升，出现异常噪声，应进行检查和修复。

带传动的小型制冷机，用手下压传动带时，下垂 1 ~ 2 cm 为宜。传动带打滑、老化时应将所有的皮带一起更换，只换其中 1 根会因新旧带长短不一，造成工作时单根受力，容易很快拉长或使带断裂。

（9）安全保护装置的检查。机组上的油压差控制器、高低压控制器、安全阀等保护装置都直接与机组连接，是非常重要的保护装置。在规定压力或温度下不动作时，应对其设定值进行重新整定。

经过维护、保养的制冷机，运行前必须进行气密性试验，确保密封性能良好，运行安全。

2. 短期停机的维护

（1）检查设备底脚螺钉、紧固螺栓，避免松动，擦洗设备外表面，要求无锈蚀、无油污。

(2) 对于采用联轴器连接传动的开启式制冷压缩机，停机后应通过对联轴器减振橡胶套磨损情况的检查，判断压缩机与电动机轴的同轴度是否超出规定。

(3) 停机后应检查高压储液器的液位，偏低时应通过加液阀补充制冷剂。中、小型活塞式制冷机一般不设高压储液器，可根据运行记录判断制冷剂的循环量，决定是否需要补充制冷剂。

(4) 大、中型活塞式制冷压缩机曲轴箱底部装有油加热器，停机后不允许停止油加热器的工作，应继续对润滑油加热，保证油温不低于40℃。

(5) 停机后应将冷却水全部放掉，清洗水过滤网，检修运行时漏水、渗水的阀门和水管接头。冬季停机时，必须将系统中所有积水全部放净，防止冻裂事故发生。

(6) 停机期间，对机组所有密封部位进行泄漏检查。

(7) 短期停机时，只对卸载装置的能量调节阀和电磁阀进行检查，对连接铜管进行吹污，并对供油电磁阀进行“开启”和“关闭”的试验，确保其正常工作。

(8) 停机时应对吸、排气阀片进行密封检查，检查的同时应进行清洗。

二、离心式压缩制冷设备停机后的保养维护

离心压缩机体积大、质量重、零部件加工精度高、装配相对位置尺寸要求严。一般使用单位由于条件的限制，很难对机组本身进行解体检查和维护，也无须进行机内检查和维护。由于机内摩擦部件较少，磨损的可能性不大，只有当机组性能明显下降或运行中发现有异常情况，如泄漏、振动，甚至卡死时，才进行解体检修。解体检修工作最好请原生产厂家或有实践经验的检修单位承担，所以离心压缩机长期停机后的安全维护工作主要是系统和辅助设备方面。

1. 制冷剂的抽出和保管

开启式离心机组，停机后应将机器内的制冷剂抽出，按制冷剂安全保管条例规定，储存在专用的钢瓶中，并将机组抽至0.080～0.087 MPa的真空状态，或充入工业氮气，使机器内部压力保持在略大于大气压力

0.01 MPa，防止空气和水分的渗入。

封闭型离心机组的制冷剂可以继续保存在机器内，因为封闭型机组设有轴封部位，一般具有良好的密封性，空气、水分不易渗入，即使机器内部压力稍有升高，制冷剂也没有外泄的危险。但机器不能靠近高温热源，而使系统内部压力异常升高。

2. 润滑油的检查和处理

离心机组按规定每年需要换一次润滑油，这是因为润滑油长期使用会发生氧化，使润滑油变色，腐蚀性增加，润滑效果变差。所以每年在保养时应将油槽内的润滑油全部放出，清洗后换入新油。也可在开机前再将油加入，但必须在开机前按规定提前对润滑油加热。

3. 供油系统各设备的维护

（1）油过滤器。可每年清理 1 次。对于可自清理的油过滤器，转动外部手柄，将滤芯上的脏物刮掉，通过容器的下部放出。对于不可自清理的油过滤器，用管钳卸掉油过滤器，将里边的滤芯拿掉，清理干净换上新滤芯即可

（2）油加热器。不抽出制冷剂的机器，保养中必须保持油加热器工作，使油温稳定在 30～40℃范围内，不允许拉掉电源隔离开关。

（3）油冷却器。停止对油冷却器供水，检查冷却管道的结垢情况，并对供水管进行清洗。采用制冷剂冷却方式的油冷却器，应对控制阀进行检查。

（4）油泵。应对油泵进行清洗。拆卸时应防止密封垫破损，如要更换密封垫必须保证更换的密封垫与原密封垫厚度一样，不允许随意增厚或减薄。装配后应检查与油泵连接的管道、接头有无松动或漏气，必须保证密封，否则会因气蚀而造成油泵甩不出油。

（5）抽气回收装置的保养。检查时应关闭与蒸发器、冷凝器之间的连接阀门，切断与机组的联系。松动与吸气管道连接的螺母，启动机器，从松动的螺母接头处直接吸进空气，检查自动放气阀是否在规定的压力下自动打开。如打不开则放气阀有故障，要对放气阀进行检查、调整。如压力上不去，则应检查吸、排气阀片是否漏气，对阀片进行密封试验。另外应注意对轴封处的检查，如有油滴漏出，则说明

轴封泄漏，要进行轴封的维护。

保养时应注意对曲轴箱油位的检查，不允许油位偏低，否则有烧瓦抱轴的可能。对曲轴箱进行清洗，更换润滑油。

(6) 进口能量调节机构的保养。进口导叶在工作时根据压力和热负荷的变化，自动进行开大或关小，调整进气量，达到调节制冷量的目的。维护保养时，应对该机构所有转动部位进行清洗并压进润滑油脂，然后手动检查进口导叶，看由全闭至全开过程是否同步灵活，O形橡胶密封圈是否老化、变形，如密封性能变差应更换。

三、螺杆式压缩制冷设备停机后的保养维护

螺杆式制冷机结构比较简单。半封闭直接驱动的螺杆制冷机，除去轴承外，每台机组只有3个运动部件，即两个转子（阳转子、阴转子）和1个滑阀。长期停机维护时应首先关闭制冷系统的有关阀门，检查并恢复低压控制器正常工作时的调定值，并且应每周启动油泵1次，运行10 min，以使冷冻机油能长期均匀地分布到压缩机内的各个摩擦面，防止机组因长期停机而引起机件表面缺油，造成重新启动时损伤摩擦面。

冬季应放掉油冷却器、冷凝器、蒸发器中的冷却水，防止结冰冻裂其内部的传热管道。其他维护项目与活塞式制冷机基本相同。

四、溴化锂吸收式机组停机时的维护与保养

1. 短期停机保养

短期保养是指1~2周停机时间内的保养。保养一方面要注意机组溶液的充分稀释，使机组在当时环境温度下不至于发生结晶问题，即首先要使冷剂水旁通，并进入溶液泵，使溶液充分稀释；另一方面要注意机组内真空度的保持。停机时应把所有通向大气的阀门全部关闭，若漏入空气则启动自动抽气装置。

当机组停机一段时间后，机内温度等于室温，此时，机组内液体温度与压力会在仪表中显示，将此时的读出值与该压力下相应制冷剂饱和温度相比较，若两者差值在1.5℃以上，则可判定机组内有不凝性气体存在。自动抽气装置的目的是防止机组内部产生不凝性气体或

有空气渗入，保持机组内部高度的真空度。自动抽气装置主要类型有以下几种：

（1）抽气—集气分离式自动抽气装置。自动抽气装置设有大型集气室用来存储抽取到的不凝性气体。装在集气室顶部的薄膜式真空压力计，用来测量储气室内不凝性气体的压力。根据压力计周期性变化，可判断机组的气密性。

（2）抽气—集气一体式自动排气装置。工作原理与抽气—集气分离式自动抽气装置相似，只是将分离器和集气室设置在一大直径垂直管内，且集气室储存空间较小，结构紧凑。这种装置的排气是通过真空泵实现的。当集气室内压力达到设定值后，真空测量仪表发出信号，自动进行排气，启动真空泵。

（3）钯管排氢装置。在溴化锂机组运行中，由于溶液对金属的腐蚀，产生一定量的氢气。如果机组气密性良好，则氢气是机组中不凝性气体的主要来源。钯管排氢装置中钯及其合金对氢气具有选择透过性，可将机组内的氢气排到机组以外。钯管排氢装置装在自动抽气装置的集气室上。此装置工作时必须保持 300℃ 左右高温。因此，除长期停机外，一般不应切断其电源。

（4）机械真空泵抽空装置。自动抽气装置抽气量都较小，只能在机组正常运行情况下使用。无论机组中采用哪一种自动抽气装置，均需外置一套机械真空泵抽空系统。不凝性气体经抽气管、截止阀、电磁阀与阻油器进入真空泵后抽出机外。电磁阀与真空泵接同一电源，以防止真空泵突然故障停转时空气倒流，破坏机组内的真空。

2. 长期停机保养

将蒸发器中的冷剂水全部旁通到吸收器，与溶液充分混合、均匀稀释，以防止在环境温度下发生结晶现象。为减少溶液对机器的腐蚀，最好将机内溶液排放至另设的储液器中，然后向机内充入 0.02 ~ 0.03 MPa 的氮气。如无另设储液器，也可将溶液储存在机组内。但在这种情况下，应先将机组真空度抽至 26.7 Pa，再向机组充灌氮气。

此外，要对机组的发生器、冷凝器、吸收器、蒸发器封头中由于蒸汽加热产生的积存水完全排放干净，并用压缩空气吹干，然后将机组封盖好。直燃机组则需清除高压发生器烟气侧的积烟积尘。

第四节　制冷与空调设备安全作业操作技能

一、压缩式制冷与空调设备运行参数与调整

制冷空调系统运行情况主要通过制冷剂在系统内运行的压力、温度等参数表现出来，如蒸发压力与温度、冷凝压力与温度、压缩机的吸气与排气温度、中间压力与温度等，同时还有润滑油压力与温度、冷却水流量与温度等。影响系统运行的因素很多，因此，应根据系统运行的实际条件来调整控制运转参数，使系统安全、经济、合理地运行。

1. 蒸发温度与压力

制冷剂的蒸发温度应满足用冷要求。如冷却排管的蒸发温度应低于用冷温度10～12℃，冷风机送冷的蒸发温度低于用冷温度8～10℃，沉浸式蒸发器蒸发温度低于用冷温度5℃左右，冷水机或盐水机组蒸发温度低于用冷温度4～6℃。由于蒸发温度一般不能测出，常先测出蒸发压力，再通过查图表得出蒸发温度。因此，实际系统运行中依靠调节蒸发压力来调整蒸发温度。通常，系统蒸发面积和压缩机容量不变而热负荷发生变化。如外界环境温度升高或需降温物质增加使热负荷增加，蒸发器中制冷剂蒸发量大于压缩机的吸气量，蒸发温度升高，此时需增加运转压缩机的缸数或台数，提高制冷量，使蒸发温度保持稳定。反之应减少压缩机的缸数或台数。这里还应注意，系统运行过程中如蒸发器表面结霜、油垢过厚、供液阀开启度小，也会使蒸发温度降低。对这种情况，应采取相应措施，如除霜、去垢、增大供液量来稳定蒸发温度。

2. 冷凝温度与压力

和蒸发温度相类似，冷凝温度也要通过冷凝压力或排气压力的读数查表得出。冷凝温度通常与冷却方式有关。如水冷冷凝器的温度高于冷却水出口温度4～6℃，蒸发式冷凝器冷凝温度要比夏季室外湿球温度高5～10℃，风冷式冷凝器冷凝温度要比空气温度高8～12℃。冷凝温度与环境温度、空气流速、水温、水流量、水流速、压缩机的排

气量、冷凝面积等因素有关。实际操作中经常采取调节水流量或进水温度来调节冷凝温度。同时，应注意保持换热面的清洁。

3. 中间温度与压力

对于双级压缩制冷系统，测得中间压力查表即可得到中间温度。中间温度与冷凝温度、蒸发温度、高低压压缩机容积比有关。将根据这三个参数查表求得的中间温度与实际测得的中间温度相比较，作为调节的依据。通常采用改变压缩机的台数或利用螺杆压缩机的滑阀改变容积比等方法，调节中间压力。

4. 过冷温度

双级压缩式制冷循环过冷温度应比中间冷却器内的温度高 3～5℃。单级制冷循环过冷温度较小，通常在 3℃左右。若采用回热循环，过冷温度会大一些。提高过冷度，对提高系统的经济性有利。

5. 油温与油压

活塞压缩机的油温应控制在 45～60℃范围内，最高温度应低于 70℃，最低温度应大于 5℃。若油温过高，应提高油冷却器的进水量来降低油温。油压应控制在比吸气压力高 0.15～0.3 MPa。油压过高、过低都应停机检查，待油压正常后再开机。油冷却器和活塞缸套的冷却水进出水温差应为 5～10℃。

6. 压缩机运行参数

压缩机的排气温度：氨压缩机为 <150℃，R22 与氨相同，而 R12 系统 <130℃。压缩机的吸气温度：氨压缩机吸气温度高于蒸发温度 5～10℃；氟压缩机的吸气温度 <15℃。氨单级压缩比≤8，氟单级压缩比≤10，否则，系统应采用双级压缩。压缩机正常运行时其排气压力以及吸、排气压力差不得超过规定值，否则应停机检查。另外，压缩机轴承温度应在 35～60℃范围内或更低，轴封的温度应低于 70℃。

二、螺杆式制冷系统正常运行的标志

（1）吸气过热度：吸气过热度一般应控制在蒸发温度绝对值的 1/3，且不小于 5℃，螺杆机由于对湿冲程不敏感，吸气过热度一般控制在5℃就可以了。

（2）冷凝温度：采用立式、卧式冷凝器时比冷却水出水温度高4~6℃；采用蒸发式冷凝器时比湿球温度高6~10℃。

（3）冷冻水温度（盐水温度）：比蒸发温度高4~6℃。

（4）库房温度：直接蒸发式比蒸发温度高8~12℃。

（5）排气压力比冷凝压力略高。

（6）吸气压力比蒸发压力略低。

（7）螺杆机排气温度不大于105℃；活塞机不大于150℃。

（8）喷油温度不大于60℃。

（9）喷油压力：活塞机比吸气压力高0.15~0.30 MPa；螺杆机比排气压力高0.15~0.30 MPa。

三、离心式压缩机正常工作状态参数

（1）压缩机吸气口温度应比蒸发温度高1~3℃。蒸发温度一般在0~10℃范围内，一般机组多控制在0~5℃范围内。

（2）压缩机排气温度一般不超过60~70℃。如果排气温度过高，会引起冷却水水质的变化，杂质分解增多，使设备被腐蚀损坏的可能性增加。

（3）油温应控制在43℃以上，油压差应在0.15~0.2 MPa范围内。润滑油泵轴承温度应为60~74℃范围。如果润滑油泵运转时轴承温度高于83℃，就会引起机组停机。

（4）冷却水通过冷凝器时的压力降低范围应为0.06~0.07 MPa。冷媒水通过蒸发器时的压力降低范围应为0.05~0.06 MPa。如果超出要求的范围，就应通过调节水泵出口阀门及冷凝器、蒸发器的进水阀门进行调整，将压力控制在要求的范围内。

（5）冷凝器下部液体制冷剂的温度，应比冷凝压力对应的饱和温度低2℃左右。

（6）从电动机的制冷剂冷却管道上的含水量指示器上，应能看到制冷剂液体的流动及干燥情况是否在合格范围内。

（7）机组的冷凝温度比冷却水的出水温度高2~4℃，冷凝温度一般控制在40℃左右，冷凝器进水温度要求在32℃以下。

（8）机组的蒸发温度比冷媒水出水温度低2~4℃，冷媒水出水温度一般为5～7℃。

（9）控制盘上电流表的读数小于或等于规定的额定电流值。

（10）机组运行声音均匀、平稳，听不到喘振现象或其他异常声响。

四、溴化锂吸收式冷水机组正常运行标志

（1）冷媒水的出口温度为7℃左右，最低不可低于5℃。出口压力根据外接系统情况定在0.2～0.6 MPa范围内。冷媒水流量可根据进、出口温差定为4～5℃或者按设定值来确定。

（2）冷却水的进口温度应在25～32℃范围内，进口压力根据机组和冷却塔的位置，在0.2～0.4 MPa范围内，冷却水流量是冷媒水流量的1.6～1.8倍，其出口温度不高于40℃。

（3）溴化锂溶液的溶质质量分数，高压发生器中约为62%，低压发生器中约为62.5%，稀溶液约为58%。

（4）工作蒸汽压力的波动在±0.02 MPa范围内。饱和蒸汽干度大于95%，过热度小于30℃，使用0.6 MPa以上工作蒸汽时，过热度应小于10℃。

（5）环境温度为5℃以上。

（6）溶液的循环量，高、低压发生器以溶液淹没传热管为合适，其他液面以达视液镜液面计中间为宜。

（7）冷剂水颜色白色透明，密度小于1.04 t/m^3。

（8）吸收损失应小于1℃。

（9）发生泵、冷剂泵应工作稳定，电动机电流、温升应符合要求，出口压力值应符合技术指标，运转声音应正常。

（10）仪表指示应正确，安全保护装置应灵敏可靠。

第五节　常用检测仪器、工具的安全使用与管理

一、常用检测仪器的原理和使用

1. 卤素检漏仪的原理和使用

（1）卤素检漏仪

卤素检漏仪是根据六氟化硫等负电性物质对负电晕放电有抑制作用这一基本原理制成的。当卤化物气体扩散进入有特殊结构的电晕放电探头时，就会使电晕放电电流减小，然后经电子电路将电晕电流的变化以光信号和音响信号方式表达出来。

（2）卤素检漏仪的安全使用

1）首先将检漏仪电源打开，此时绿色指示灯发亮，红色指示灯一明一暗，同时检漏仪发出“嗒、嗒、嗒……”的断续声音，这表示仪器处于正常工作状态。

2）将方式选择开关拨至 H 挡，可检测 R134a；拨至 L 挡可检测 R12、R22。若在 H 挡检测 R12、R22，则灵敏度更高。

3）将检漏仪金属软管探头靠近被测部位慢慢移动，如遇渗漏出来的氟利昂或 R134a 气体，检漏仪发出的“嗒、嗒”声将变为连续的啸叫声，啸叫声的频率随渗漏的大小而变化，渗漏越大，频率越高，同时红色指示灯也变为明亮状态。

4）在渗漏很小的情况下，在渗漏点附近移动探头，可以根据检漏仪啸叫声的变化来确定漏点具体位置。

5）在开机时间较长的情况下，仪器可能会发出啸叫声，这并非故障，可将电源关一下即可恢复正常。

6）为延长电池寿命及避免在 H 挡时误报警，建议在使用中尽量缩短开机时间。

（3）使用中的注意事项

1）在有风的环境检测时，应背风进行，否则泄漏出来的气体立刻被风吹走而不易查找出漏点。

2）仪器在检出漏源时，由于传感器吸附了卤素气体，即使离开漏源，仪器仍需经一定时间才能恢复至原来的状态。如仍不能恢复时，将电源关一下即可恢复正常。

3）在长时间使用后，应检查电池电量，如果电量低，则会影响仪器工作的稳定性，导致误报警现象。

2. 风速仪的原理和使用

在制冷与空调系统中，常需要对空调房间或风管中的风速进行直接测定，以便及时地对系统运行加以调整，以保持良好的空调工作状况。

叶轮式风速仪是利用流动的空气推动仪器上的转轮，转轮的转速与风速成正比。叶轮受空气流动作用发生旋转，其转数由轮轴上的齿轮传给计数器和指针，即可指示风速的大小。

使用方法及注意事项：

（1）为使测量结果正确，应远离障碍物，以避免涡流的产生。

（2）测量时可以用布条或旗子来确定风的方向。

（3）测量时可以将仪器固定在脚架上，让风垂直吹过，以免手持仪器不稳造成误差。

（4）叶轮风速仪的灵敏度为 0.5 m/s 以下，可测 0.5 ~ 10 m/s 范围内较小的风速。测量时应根据风速的大小正确选用风速仪。

3. 噪声仪的工作原理和使用

噪声仪通常用于检测各种设备和工具的噪声。它由微音器、显示器、电源、挡位选择开关及内部检测电路组成。

噪声仪用极化电容式微音器感应噪声，通过检测电路对噪声的检测进行比较、校正，再由显示器显示出噪声的大小数值。当噪声值比较小时，内部检测系统约每 0.125 s 抓取一次检测值；当噪声值变化较大时，约每 1 s 抓取一次检测值。若要抓取最大值，则应打开大值锁定开关。

（1）使用方法

1）打开电源开关，并选择合适挡位。

2）要读取即时的噪声值，则选择快速挡；想获取平均值，则选择慢速挡；要取得最大值，则应选择锁定开关。

3）在怀疑检测值不准确时，可将仪器在检测前选择相应挡位，自我校正一次，判断仪器是否正常。

4）手持噪声仪或将噪声仪架在三脚架上，使微音器距离声源 1 ~ 1.5 m 进行检测。

5）检测完毕，将电源开关关上，以免电池长时间工作消耗电量。

（2）注意事项

1）在室外检测噪声的场合，可在微音器头部装上防风罩，避免微音器检测到与检测无关的声音。

2）当电池电压下降时，显示器显示“BT”符号，表示电池不能再使用，需要换新电池。

二、真空泵的原理与使用、保养

制冷系统需要进行抽真空，抽出系统内的空气和其他不凝性气体，为充注制冷剂试验与运行做好准备。这就需要使用性能良好的抽真空工具真空泵。

1. 旋片式真空泵的原理

旋片式真空泵的结构和工作原理如图6—1所示。在机壳内偏心地安装一个绕自身轴线旋转的转子。旋转时转子与泵腔始终处于内切状态。转子中间开槽，里面装有弹簧和两块滑片，滑片受弹簧作用紧紧地压在泵腔的表面上，其间通过油膜密封，滑片把泵腔分成两个工作室，通过工作室周期性地扩大和缩小将气体吸入和排出。

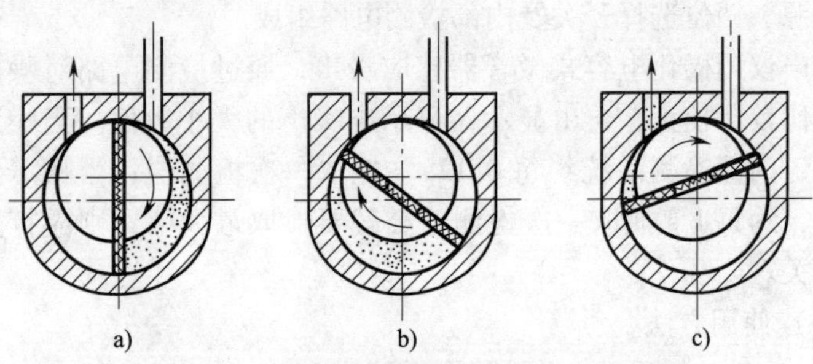

图6—1　旋片式真空泵的结构及工作原理

a）吸气过程　b）压缩过程　c）排气过程

旋片式真空泵的全部机件都浸在真空泵油内，油起着油封、润滑和冷却的作用。所产生真空度的大小，取决于系统中填料或真空油的蒸气压以及泵内机件的加工精度。这种类型的泵可用来抽除潮湿性气体，但不适于抽吸含氧过高的气体、有爆炸性的气体、有腐蚀性的气体、对泵油起化学作用的气体，以及含有颗粒尘埃的气体。

2. 使用方法和注意事项

（1）旋片式真空泵应水平安装在干燥、通风、清洁的场所，要防止杂物进入泵内。

（2）按电动机铭牌规定接电源，单相电动机和三相电动机应注意旋转方向，不可倒转。

（3）新旋片式真空泵使用前应注入清洁的机械真空油，注油量应以油标为准。注意不得低于油标位置；但也不能高于油标位置，否则会出现喷油现象。

（4）加注真空泵油时，不同种类和牌号的真空泵油，不可混合使用。

（5）连接被抽容器的管道直径不得大于进气口径，管道宜短，弯头宜少，以免气流受阻。管道和接头应保证密封可靠，不得有渗漏现象。

（6）抽除带酸性的气体、含有蒸汽的气体、温度过高的气体和含有尘埃的气体时，应在进气口管道上加装冷却、过滤器等各种适合需要的装置，否则，必然影响旋片式真空泵的使用性能及寿命。

（7）排出的气体对人体健康或工作环境有影响时，可在排气管上套上橡胶管，使排出的气体远离工作场所。

3. 真空泵的维护保养

（1）旋片式真空泵长期工作时，应注意真空泵油是否充足。当油箱内存油低于油标中心时，应及时加入相同牌号的真空泵油。

（2）新旋片式真空泵要求在使用250～300 h后换油1次，以后一般在工作600～1 000 h后更换1次，抽除带有蒸汽的气体，需根据情况，缩短换油期限。

（3）更换新油前，应先使旋片式真空泵运转30 min，使油变稀，然后旋去放油塞，使真空泵腔内污油全部放出，再从进气口灌入新真空泵油，启动电动机运转数秒钟，对旋片式真空泵内部进行清洗，操作2～3次，达到清洁要求后放净污油，装上放油塞，再从加油孔注入新真空泵油至油窗中心，旋上加油塞。

（4）旋片式真空泵如长期不使用，应清理污物，涂上防锈油，用橡胶盖将进、排气口封上，以免脏物落入旋片式真空泵内。

第七章　制冷与空调设备安全操作技能

第一节　制冷系统的排污、试压、检漏等安全操作技能

一、制冷系统的排污

制冷系统排污的主要任务是排除系统各设备、连接管道内的铁锈、灰尘等。同时还要排除管道焊接时所残留的焊渣、铁锈和其他污物。目的是避免这些杂质污物被压缩机吸入汽缸内造成汽缸或活塞表面产生划痕，加大磨损，甚至造成敲缸等事故。同时也可防止污物堵塞系统的节流装置，影响制冷系统的安全正常工作。

排污可使用氮气或压缩空气。压缩空气最好经干燥处理，无条件时可采用空气压缩机或系统中的某台制冷压缩机来产生压缩空气。对于氟利昂系统应使用氮气排污。制冷压缩机压缩空气时，排气温度升高很快，应停停升升，控制压缩机的排气温度不超过允许值。

系统排污时要将所有与大气相通的阀门关闭，其余阀门全部开启。制冷系统设备较多，管路复杂，常采用分段排污法排污。排污口设在各段的最低处，以便排污更彻底，保证系统安全运行。排污操作过程如下：

1. 氮气或压缩空气排污

把压力为 0. 6 MPa 的干燥氮气或压缩空气充入排污系统，待系统压力稳定后，迅速打开排污阀，借助带压气体的急剧冲力排出系统内的污物、焊渣等杂质。这样排污进行多次，可达到排净系统的目的。这是带压操作，为避免污物对人的伤害，操作人员不可面对排污口。

2. 压缩机自行排污

若无可供使用的干燥氮气或压缩空气设备，但又必须对系统排污，可以采用系统内的压缩机自行排污。排污过程：先将压缩机吸入阀过滤器拆下，用过滤布包扎好入口，使空气过滤后被吸入；启动压缩机，逐渐升高压力，排气压力控制在 0.6 MPa 左右；这样排污进行多次，直到系统干净为止。

二、制冷系统的试压

为检测系统的气密性，查看系统中各设备和管路焊口及连接处是否有泄漏，通常应在系统排污后对系统进行试压。压力试验与排污一样，可用氮气、干燥的压缩空气或用普通压缩空气。用氮气时应在氮气瓶与系统间安装减压阀；如采用空压机，则采用双级机。

1. 氟利昂制冷系统试压

氟利昂制冷系统一般采用氮气试压。瓶装氮气压力较高，可达 15 MPa，因此使用时在氮气瓶安装减压表，保证试压操作的安全。小型氟利昂制冷系统的试压压力为 0.6 ~ 0.8 MPa，环境温度变化不大时，24 h 之后系统压力不变，便证明系统密封性合格。否则，应检查泄漏点并加以修补，然后重新试压，直到合格为止。大、中型氟利昂制冷系统气密性试验压力见表 7—1。

表 7—1　气密性试验压力　MPa

制冷剂	高压压力	低压压力
R717	1.76	1.18
R12	1.57	0.98
R22	1.76	1.18

2. 氨制冷系统试压

氨制冷系统一般采用压缩机进行试压。试压压力参照表 7—1。另外也可采用系统以一台制冷压缩机进行试压，其操作过程为：在压缩机吸入口绑过滤白布，间隔开启压缩机，逐渐升高压力至气密性试验压力。此过程中严格控制排气温度低于 120℃，油压不低于 0.3 MPa，压缩机吸、排气压力差 <1.4 MPa。

制冷系统的试压检漏过程中必须保证人身及设备的安全，避免意外事故发生。首先，严禁用氧气或其他可燃气体进行试压，以防发生爆炸。其次，查出泄漏点或需补焊部位后，必须待系统压力降到大气压力后方可进行焊接作业。同时，应将系统内的氨泵、液位指示器等设备的控制阀关闭，以免损坏。

3. 压力试验的安全措施

(1) 用压缩机压缩空气时，排气温度不得超过 120℃，油压不高于 0.3 MPa。

(2) 压缩机进、排气压力差不允许超过其限定工作条件 1.4 MPa。

(3) 不允许关闭机器和设备上的安全阀。高压系统试压时，可将低压系统的气体输送至高压系统，以防止低压系统压力超高、安全阀开启。

(4) 系统试压时应将氨泵、浮球阀和液位计等有关设备的控制阀关闭，以免损坏。

三、制冷系统检漏

1. 压力检漏

在制冷系统内充注一定压力的氮气或压缩空气，然后观察压力表指针变化，据此可以判断制冷系统内的泄漏情况。

2. 肥皂水检漏

在试压和维修过程中，这是常用的检漏方法。它也适用于制冷系统内制冷剂没有完全泄漏的情况。其做法是将肥皂液用毛刷涂抹在可能泄漏的地方，若有气泡出现，则说明该处即是泄漏点。根据气泡大小，可判断泄漏程度。

3. 仪器检漏

常用于氟利昂制冷系统的检漏。

(1) 卤素灯检漏

卤素灯头小孔喷出的火焰与氟利昂气体相接触时，将使火焰由原来的淡蓝色变为绿色或紫色。因此，根据火焰颜色是否变化来判断系统是否泄漏以及泄漏量的大小。

（2）电子检漏仪

使用电子检漏仪检漏时要将探头沿管路缓慢移动，探头移动速度 <50 mm/s,与管路距离 3 ~ 5 mm。一旦遇有氟利昂泄漏时，电子检漏仪即发出警报声。应注意的是，由于电子检漏仪灵敏度高，检漏时室内必须通风良好。它不能在有卤素物质或其他烟雾污染的环境中使用。

4. 抽真空检漏

开启系统上所有连接的阀门，关闭与大气相通的阀门，开启压缩机的排气阀。用耐压橡胶管将真空泵吸入口与系统制冷剂注入阀连接好，同时串接真空压力表。当抽真空使其系统处在负压状态时，关闭制冷剂注入阀，停真空泵，保持真空度 12 h，观察真空压力表的指针上升变化。若压力升至 0 MPa，说明系统有泄漏处。然后，选择压力检漏的方法找出泄漏点。另外，封闭、半封闭式压缩机的制冷系统可用压缩机自行抽真空。其操作过程是开启系统上所有阀门，关闭所有与大气相通的阀门，关闭压缩机的排气阀，开启压缩机的吸气阀和排空阀，开启压缩机抽出系统内空气，由排空阀排出。当系统处于负压状态时，关闭排空阀。观察系统内真空度变化，判断是否有漏点。

5. 化学试纸检漏

常用于氨制冷系统检漏。操作方法是用酚酞化学试纸仔细检查螺纹和法兰连接处以及焊口，若化学试纸变成粉红色，说明该处有泄漏。把每个泄漏点做好标记，并应在系统内氨放净后进行补焊。

6. 系统的气密性试验

系统的气密性试验也是一种查漏的方法。目的在于检验系统在真空条件下有无渗漏，排除系统内的空气，为充注制冷剂做准备。可先后用打压、抽真空和充注少量制冷剂的方法查漏。

（1）系统抽真空

系统抽真空应采用真空泵进行，大型系统可采用系统压缩机抽真空，或用压缩机抽过之后，再用真空泵排除系统内剩余的空气。

用真空泵抽真空时，应首先开启系统阀门，关闭与大气相通的阀门，将真空泵与系统的制冷剂充注口相连。

用压缩机抽真空时，首先要关闭压缩机排气阀，打开压缩机吸气阀及排气阀上的多用通道。用压缩机抽真空时，要注意油压。当压缩机配有压力继电器时，应将其触点短路。

（2）充制冷剂试验

制冷剂的泄漏能力比较强，特别是氟利昂和氨。因此，在真空试验之后应充注少量制冷剂作进一步检查。

氟利昂制冷剂无毒无味，安全方面无具体要求。对于氨制冷剂，由于其具有毒性和爆炸性，在充氨前应采取以下安全措施：

1）充氨地点要准备防毒面具、橡皮手套、毛巾、脸盆和水等防护用品、用具以及急救药品。

2）掌握急救方法。如氨液滴落在皮肤上，应立即用大量清水冲洗；若吸入大量氨气，应均匀慢速饮用柠檬水或3%的乳酸溶液。

3）严格遵守充氨操作规程。

第二节　溴化锂制冷机的气密性检验

一、溴冷机的正压检漏

正压检漏就是向机体内充以一定压力的气体，以检查是否存在漏气部位。根据力平衡原理，如果机组内漏气，压入的气体势必从泄漏处向外排出，向压力平衡的状态转移。严格地说，机组漏气是绝对的，不漏气是相对的。

1. 打压

空气压缩机打压即利用空气压缩机直接充入空气至相应压力，适用于未灌注溶液的新机组。氮气打压，即向机体内充入高压氮气，不仅适用于新机组的调试工作，更适用于机组内有溴化锂溶液情况下的找漏工作。

（1）空气压缩机打压。按照空压机→胶管→机组的顺序连接好，将两端的胶管接口用铅丝扎牢，以防自动崩落；接好测压仪表（一般为U形水银差压计），即可启动空压机进行打压。

（2）氮气打压。如果机组存有溶液，应事先将机组内抽气至最高极限，然后对其充注氮气。充气至超过一定值时可出液，待出净后再继续升压。无溶液的机组可省略以上步骤。使用氮气打压前，要按使用氧气的同样方法装好打压表的输气管，机组的一端暂时不接，迅速打开氮气瓶升口处的螺母，使气压表工作，慢慢打开气压表出口处的针阀，将管内的空气顶出，然后将输气管口与机组相应管口相接，打开机组阀门，逐渐加大输气量，至气压达到要求为止。

2. 检漏

为了做到不漏检，检漏前可把机组分成以下几个检漏单元：高、低压发生器及冷凝器壳体；吸收器、蒸发器壳体；溶液热交换器、凝水回热器、抽气装置壳体；管道；法兰、阀门、泵体；传热管。可直接用肥皂水涂刷在壁面（尤其是焊缝）上检漏，看有无连续的气泡生成。凡漏气部位必须采取补漏措施，直至复查时不漏为止。

3. 补漏

补漏工作在泄压后完成。对金属焊接的砂眼、裂缝等处应采取补焊方式；传热管胀口松胀可用胀管器补胀；管壁破裂可换管或两端用铜销堵塞；真空隔膜阀的胶垫或阀体泄漏应予以更换。

补焊后可再行打压，待压力稳定一定时间（尽可能长）后再检查，如仍有泄漏还需再行找漏，直到无明显泄漏为止。

4. 保压

检查机组无泄漏时，可对机组做保压检查。

二、溴冷机的卤素检漏

为进一步提高机组的气密性，正压检漏合格后，应进行卤素检查。卤素检查用电子卤素检漏仪（晶体管检漏仪）。卤素检漏仪有较高的灵敏度，经压力检漏，在机组泄漏基本消除后，再作卤素检漏。由于溴化锂吸收式机组体积较大，连接部位多，易发生漏检现象，且卤素检漏法也是用正压检漏，与机组运行状态恰恰相反，故目前卤素检漏结果也不能作为机组密封检验合格的最终标准。

三、溴冷机的负压检漏

找漏和补漏合格，并不意味着机组绝对不漏。由于制冷机组的大部分热质交换过程均在真空下进行，因此，高真空的负压检漏结果，才是判定机组气密性程度的唯一标准。

1. 负压检漏的方法和步骤

（1）将机组通往大气的阀门全部关闭。

（2）用真空泵将机组抽至 50 Pa 绝对压力。

（3）记录当时的大气压力、温度，以及 U 形管上的水银柱高度差。

（4）保持 24 h 后，再记录当时的大气压力、温度，以及 U 形管上水银柱高度差。

（5）U 形管水银差压计只能读出大气压与机组内绝对压力的差值，即机组内的真空度。绝对压力则为大气压与真空度之差。因此，机内绝对压力的变化同样与大气压力和温度有关。要扣除由于大气压和温度的变化而引起机组内气体绝对压力的变化。若机组内的绝对压力升高不超过 5 Pa（制冷量小于或等于 1 250 kW 的机组允许不超过 10 Pa），则机组在真空状态下的气密性是合格的。

如果机组负压检验不合格，仍需将机组内充以氮气，重新用正压检漏法进行检漏，消除泄漏后，再重复上述的真空检漏步骤，直至真空检漏合格为止。

2. 负压检漏的注意事项

溴冷机如存有水分，当机组内压力抽到当时水温对应的饱和蒸汽压力时，水就会蒸发，从而很难将机组抽真空至绝对压力 133 Pa 以下。此时应将机组的绝对压力抽至高于当时水温对应的饱和蒸汽压力，避免水蒸发。通常抽至 9. 33 kPa（对应水蒸发温度为 44. 5℃），同样保持 24 h，并记录试验前、后大气压力、气温及 U 形管上水银柱高度差。考虑大气压及温度的影响后，若机组内绝对压力上升不超过 5 Pa，则同样认为设备在真空状态下的气密性是合格的。

机组内含水分后的负压检漏，是一项较难把握的工作，因此，一般情况应在机内不含水分的情况下进行负压检漏。机组内若含有水分，除了上述检漏方法外，还可采用一种简易的气泡法检验。检验方法如下：将真空泵的排气接管浸入油中，计数 1 min 或数分钟逸出油面的气泡数，放置 24 h 后，再启动真空泵，计数逸出油面的气泡数。二者相差若在设想的范围内，则视为机组气密性合格。

第三节　制冷剂、润滑油安全操作技能

一、制冷系统制冷剂充注

系统试压检漏合格并抽真空后，即可充注制冷剂。充注方法有两种，一是从制冷系统的低压侧充注，充入的是制冷剂蒸气；二是从制冷系统的高压侧充注，充入的是制冷剂液体，并严格定量充注。

1. 低压侧充注

低压侧充注多用于充注小型制冷装置或向系统内补充制冷剂。图 7—1 所示为低压侧充注制冷剂（氟利昂）示意图。操作过程如下：制冷剂钢瓶竖直放在磅秤上，用铜管把压缩机旁通接头与制冷剂钢瓶连接起来，压缩机吸气阀逆时针旋转，缓慢打开氟钢瓶排除连接管内的空气后，拧紧接头，关闭钢瓶阀门，称钢瓶重量并做好记录。打开压缩机排气阀，开启钢瓶阀门，然后顺时针方向转动吸气阀，将旁通孔接通，制冷剂蒸气进入压缩机内，启动压缩机连续抽气充灌，直到磅秤显示达到所需的充氟量时，先关闭制冷剂钢瓶阀门，随后关闭压缩机吸气阀门旁通孔，拆下连接管，拧上吸气阀旁通孔旋塞。有时为加快制冷剂充注速度，将制冷剂钢瓶放入 50 ~ 60℃ 温水中，提高钢瓶温度，增大钢瓶内蒸气压力。但应控制水温，避免温度过高导致钢瓶内压力过高而引起钢瓶爆炸。另外，严禁将钢瓶倒置，以防制冷剂液体直接进入压缩机吸气室，造成“液击”或“冲缸”事故。

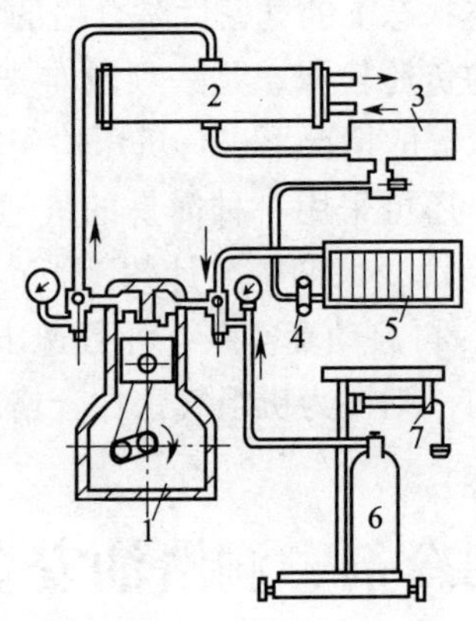

图7—1 低压侧充氟

1—压缩机 2—冷凝器 3—储液器 4—膨胀阀 5—蒸发器 6—制冷剂钢瓶 7—磅秤

2. 高压侧充注

高压侧充注多用于大、中型制冷系统的制冷剂充注。其操作方法与低压侧充注基本相同，所不同的是高压侧充注的是制冷剂液体。充注时，氟瓶位置应高于冷凝器或储液器，并倾斜放置在磅秤上，依靠钢瓶的位差和其内的压力差使液体制冷剂充入系统，并达到所要求的充注量。

3. 氨制冷系统充注

方法与氟利昂充注基本相同。系统首次充氨，应将系统抽真空，利用氨瓶与系统内的压差，将氨液直接注入系统。系统内压力达到0.2 MPa时，停止充注。用酚酞试纸在连接处检漏，无泄漏继续充注。当压力达到平衡时，关闭节流阀前的总供液阀，同时关闭系统高、低压部分之间的阀门，启动冷却水泵和压缩机让氨液继续充注。氨液储存于冷凝器或储液器中。第一次充氨，应把充注量控制在系统充注量的60%～80%。氨具有强烈刺激性臭味，对人体皮肤、呼吸道有毒害作用。氨气易燃、易爆。因此，充注时除做好各项充注准备工作外，还应做好以下安全方面的工作：

（1）严格按照充氨操作安全规程进行充氨。

（2）充氨前应准备好防毒面具、口罩、胶皮手套等防护用具，并将冷冻设备房间的门窗打开，保证通风良好。

（3）掌握现场急救方法和安全常识。

（4）现场必须配备灭火器具。

二、溴化锂制冷机的水洗和溶液灌注

新的溴冷机组在经过严格的气密性检验以后，必须进行水洗。水洗的目的有三个：一是检查屏蔽泵的转向和运转性能；二是清洗内部系统的铁锈、油污；三是检查冷剂和溶液循环管路是否畅通。

1. 水洗前的准备工作

（1）检查屏蔽泵绝缘电阻。如果阻值较低，应打开接线盒，放置一段时间；如阻值过低，要将单体取下放入烘箱中烘烤。

（2）准备充足的软化水（或蒸馏水）和一个较大的容器。

（3）接通屏蔽泵电源。

（4）准备一根足够长的硬质胶管。

2. 水洗安全操作

（1）将软化水（或蒸馏水）注入容器，通过橡胶管将水从容器吸入吸收器筒体内。水量要略多于溶液量。

（2）分别启动发生器泵和吸收器泵，判别转向的反正，查看电流是否正常，泵内有无“喀喀”的声音。如有以上情况，说明泵的转向相反，可在接线端将两根电源线互换调整。试转后，如发现电流过大或叶轮摩擦泵壳，则应拆泵调整或换泵。

（3）启动冷媒水泵和冷却水泵。

（4）向机组供给 0.1 ~ 0.3 MPa（表压）的蒸汽，连续运转 20 ~ 30 min。

（5）观察蒸发器视孔有无积水产生，如有积水，可启动蒸发器泵，间断地将蒸发器水盘内的水旁通至吸收器内；如无积水，说明管道堵塞，应分析原因，及时处理。

（6）清洗后将所有的对外阀门打开放气、放水。如果机体（比如放置较长时间的机组）内太脏，要反复进行上述过程，直至放出的水透明为止。

（7）清洗结束后，为了将水尽可能排净，应向机组充加少许压缩空气。

（8）以上工作完成后，应立即启动真空泵，抽气至相应温度下水的饱和蒸汽压状态。

3. 灌注溶液

注入的溴化锂溶液的主要指标应符合国家标准。进液时，应先将管口向上将输液管中充满溶液或蒸馏水，如图 7—2a 所示；一端用手掌堵住，一端与机组进液口相接，如图 7—2b 所示；将手掌堵住的这一端浸入容器内溶液的液面以下，如图 7—2c 所示，打开进液阀，容器内的溶液将自动地吸入机体。按设计要求注够液量。

溴化锂溶液灌注完毕，应立即启动溶液泵，调整液位，以吸收器底部的视镜见到液位为准。启动真空泵，抽出残余的空气，即可进行运转状态的调试。

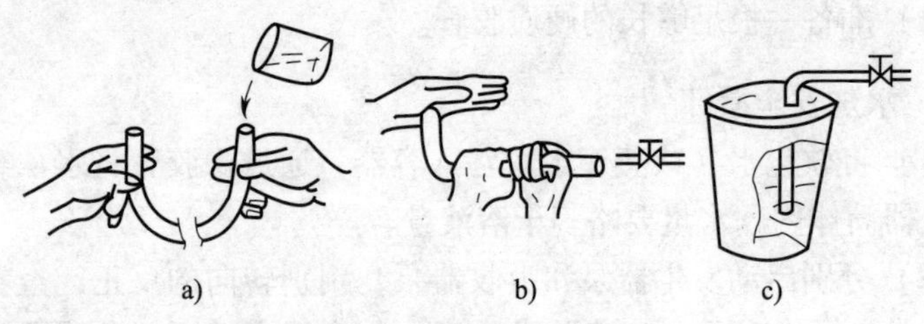

图 7—2　溶液灌注示意图

三、制冷系统制冷剂回收

1. 制冷剂回收

小型制冷装置（如空调器）拆卸前，首先要将制冷剂收回到室外机的冷凝器中。其具体操作方法是：关闭室外机供液截止阀，启动压缩机，蒸发器和配管中的制冷剂被压缩机通过吸气截止阀吸入并压缩排入冷凝器。压缩机运转 3 ~ 5 min，或在回气截止阀的旁通阀接一只压力表，表压指示值为 －0.1 MPa 不再回升时，结束收储。关闭回气截止阀，拧下连接管处螺母，并将截止阀口用封帽旋紧，避免污物、水进入截止阀。

大、中型制冷系统拆卸前，由于维修设备或系统停止使用，应先将系统内制冷剂收入备用制冷剂容器中，以免放到空气中造成污染和浪费，设备安排如图 7—3 所示。操作过程如下：

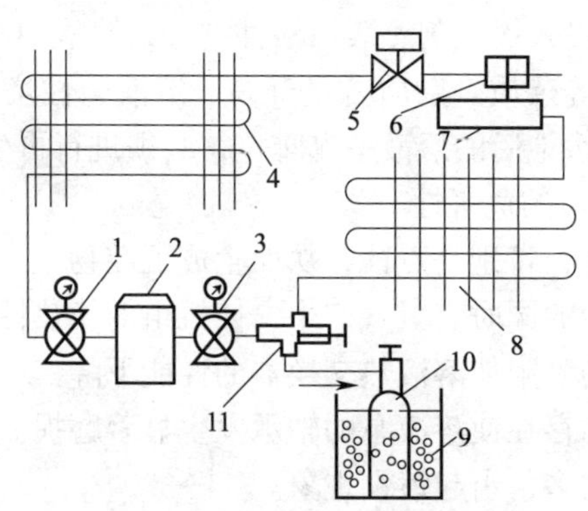

图 7—3　制冷剂排入容器中的方法

1—低压截止阀　2—压缩机　3—高压截止阀　4—蒸发器　5—膨胀阀　6—电磁阀　7—储液器　8—冷凝器　9—冷水容器　10—制冷剂容器　11—高压三通阀

（1）将盛装制冷剂的钢瓶抽真空后，放在盛有冷水的容器中，以加速制冷剂蒸气在钢瓶内的液化。

（2）将压缩机上的高压截止阀逆时针方向旋足，拧下旁通孔的堵塞，用铜管将其与钢瓶连接起来。

（3）启动制冷装置，按正常工作运行，顺时针方向旋转高压截止阀上的调整杆，使制冷剂蒸气通过连接在旁通阀孔上的铜管，进入浸泡在冷水中的制冷剂钢瓶，冷凝成液体。

（4）观察低压压力表，其压力降至 0 MPa 时，可停止压缩机运转。压力表无回升说明制冷剂已吸取干净。否则，重新启动压缩机，继续吸取。

（5）结束时，先停止压缩机，再关闭钢瓶阀门，逆时针倒足高压截止阀的调整杆，卸下回收制冷剂的工具。

回收制冷剂过程中应将系统的低压继电器短路，以免压缩机因低压压力降低而停机。系统中有电磁阀时，应使电磁阀处于打开状态，同时尽可能地提高蒸发器的表面温度，以提高制冷剂回收速度。

2. 溴化锂溶液的再生

(1) 溴化锂溶液的污染

溴化锂溶液在溴化锂吸收式制冷机组长期运行中，由于对金属的腐蚀作用，以及投入缓蚀剂、表面活性剂等，溶液中不断产生铁离子、铜离子和氯离子等杂质。杂质含量升高、溶液碱性增大，会造成溴化锂溶液的污染。污染后的溶液呈咖啡色，必须进行再生处理。

(2) 溶液污染的危害性

1) 发生腐蚀，特别是点蚀，从而生成沉淀物。

2) 腐蚀发生的同时有氢气产生，使机组的换热性能下降。

3) 沉淀物的黏附使溶液热交换器的性能下降。

4) 沉淀物的存在使溶液泵的轴承发生显著磨损。

5) 铜离子增多，引起镀铜现象。

(3) 溴化锂溶液的再生

1) 机外再生处理

①沉淀法。若时间充裕，可采用沉淀法清除溶液中沉淀物。将溶液置于密封容器内，放置一定时间后，沉淀物即沉至底部，澄清溶液，然后吸出上部清洁溶液。

②过滤法。现场过滤时，使用网孔为 3 μm 的聚丙烯过滤器，切忌用棉质纤维制成的过滤器，以免过滤器被溶液溶解。含有沉淀的溶液应先沉淀再过滤。

溶液长期暴露在大气中，会与空气中的二氧化碳反应生成碳酸锂沉淀物。因此，无论是用沉淀法还是过滤法进行处理，溶液均应保存在密封的容器中。

③全面再生法。当溶液出现下列不合格现象时，不能只靠沉淀或过滤，而要全面再生。

a. 溶液由原来的淡黄色变为暗黄色。

b. 溶液的 pH 值变化。

c. 溶液中溴化锂的含量变化。

d. 其他阳离子或阴离子有所增加。

2) 机内再生处理。外部再生处理在机外进行，此时机组运行停止。这种处理大多在停机期间及机组维护保养期间进行。如在不停机的情况下进行溶液过滤处理，需采用机内再生处理。机内再生过滤安排如图 7—4 所示。

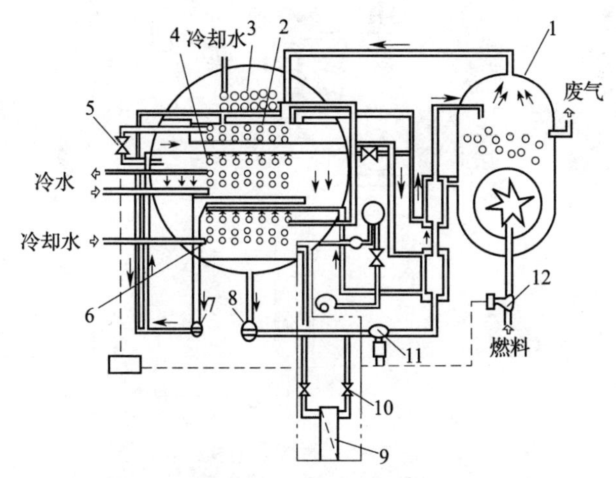

图 7—4　过滤装置安排示意图

1—高压发生器　2—低压发生器　3—冷凝器　4—蒸发器　5—冷暖切换阀　6—吸收器　7—冷剂泵　8—溶液泵　9—过滤装置　10—吸收液控制阀　11—真空泵　12—燃料控制阀

将过滤装置接在机组系统中。机组边运行边进行溶液的过滤再生。过滤装置采用膜过滤技术，其结构如图 7—5 所示。机组运行时，一小部分溴化锂溶液进入装有空心丝膜的膜过滤器。该膜将溶液中的铁的氧化物、铜的氧化物、胶态粒子等予以分离。分离后的清洁溶液进入机组，从而得到不断过滤的清洁溶液。如过滤器空心丝膜积存有污垢，可通过逆洗管路，采用氮气或水进行清洗。此时与机组相连的阀门应关闭。可根据处理前后溶液的颜色或透明度，判断膜过滤产生的溶液处理效果。

四、制冷系统的加、放油与油的再生

检修制冷系统特别是压缩机，会使系统的润滑油有所损失。因此，应定期检查，发现缺油现象应及时往系统加注润滑油。

1. 全封闭往复活塞式压缩制冷系统的加油

把润滑油倒入一干净的油杯内，用一根软管接在压缩机低压工艺管上，排除软管内的空气并充满油后，将软管另一端插入油杯，启动压缩机，油从低压管吸入，按需要量加好后即可使压缩机停机。

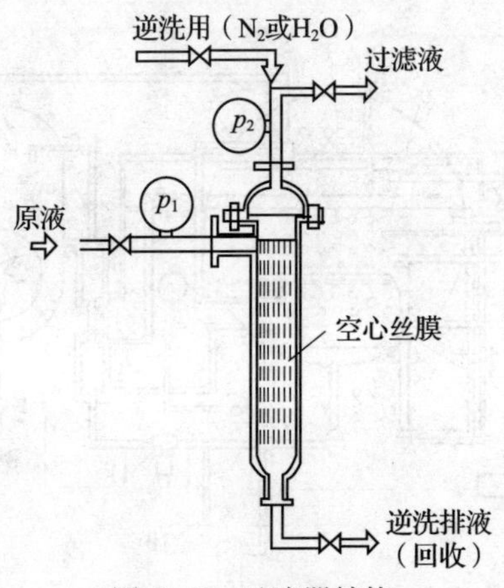

图 7—5　过滤器结构

2. 旋转式压缩机的加油

将压缩机低压工艺管封死，将油倒入干净的油杯中，在压缩机的高压管上接一个带压力表和真空表的三通检修阀，按图 7—6 所示方法连接。压缩机抽真空后，打开三通检修阀 5，润滑油被大气压入压缩机中，按需要量加好后关闭阀 5 即可。

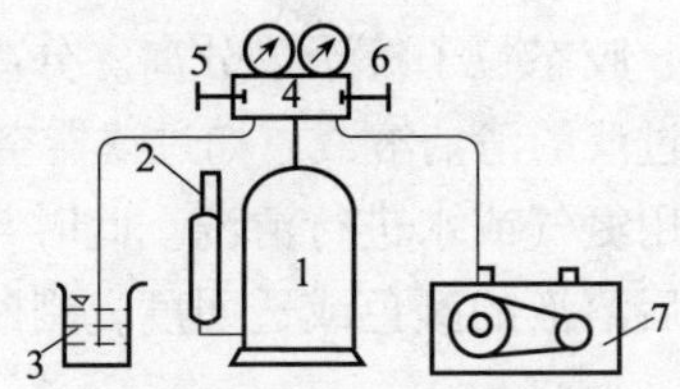

图 7—6　旋转式压缩机充油

1—压缩机　2—低压工艺管　3—油杯　4—高压管　5、6—三通检修阀　7—真空泵

3. 开启式压缩机的加油

开启式压缩机的制冷系统，加油的方法主要有三种：从曲轴箱下部加入，从加油孔中加入和从吸气截止阀的旁通孔吸入。常用的方法是从吸气截止阀旁通孔加油，其加油操作如下：关闭吸气

截止阀，启动压缩机运转几分钟，将曲轴箱中的制冷剂排入冷凝器中，使曲轴箱内呈真空状态。关闭高压截止阀后停机，然后旋下高压截止阀上的旁通孔螺塞，放出高压腔内的气体。旋下吸气截止阀上旁通孔螺塞，接上接头，用连接管连上放入盛有润滑油的容器中。启动压缩机并在片刻后停机，使曲轴箱、连接管中呈负压。此时润滑油在大气压作用下流入吸油管，进入曲轴箱内。当油液面达到视油镜中线时，停止加油。拆下接头，旋紧螺塞。启动压缩机，排出曲轴箱内的空气，然后旋紧高压截止阀上的螺塞。最后，开启吸、排气截止阀。

4. 制冷系统的放油

压缩机的排气会将一部分润滑油带入排气管路。尽管（大、中型制冷系统）有油分离器，但仍有一部分油随着制冷剂进入冷凝器和其他设备。在冷凝器、蒸发器内表面润滑油以油膜状存在，其热阻增加，传热系数降低，冷凝温度提高。同时，润滑油在其他设备和管路中将使工作容积减小，易使污物和杂质与油相混合，增大制冷剂流动阻力，影响系统的正常运行。因此，除在系统内设置性能良好的油分离器以外，还应定期检查并放出系统内过多积存的油。

氨制冷系统常用的放油设备如图7—7所示。放油操作过程为：氨油分离器停止工作后，因油的密度大于氨的密度，所以油将积存在氨液下面。开启阀2，并当集油器与吸气压力相近时关闭阀2。开启阀4和阀1。借助于压力差，油分离器中的油和少量氨进入集油器。油放至集油器的80%左右关闭阀4及阀1。稍开启阀2，油中的氨蒸发并被压缩机吸气管吸走。集油器压力与吸气压力相近时，关闭阀2。开启阀3放油，放油终了关闭阀3。

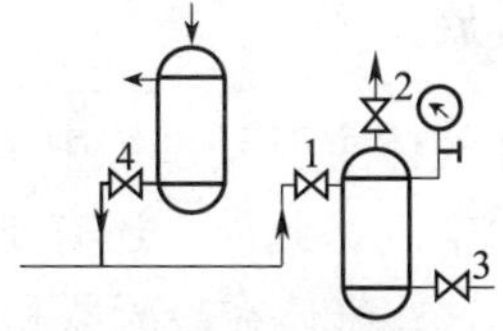

图7—7　放油设备

1—集油器进油阀　2—回气阀　3—放油阀　4—油分离器放油阀

放油时，应注意遵守安全操作规程。高压设备应通过集油器放油。低压设备放油，必须先停止运行半小时左右，使蒸发压力大于集油器压力才可进行放油操作。放油操作时，严禁用开水浇集油器，以免发生爆炸事故。

5. 润滑油的再生

正常使用的润滑油应略带黄色，无异味，手感有黏性，但不大。润滑油使用以后，油质逐渐变稠，颜色变深，说明油因机件磨损而含有机械杂质、有机酸、系统中的污垢等。这样的油，须经再生处理才可继续使用。

油的再生处理方法，有沉淀过滤处理和化学处理两种。沉淀过滤处理方法操作方便，设备简单，因而经常在实际生产过程中采用。再生的润滑油先经加热，使温度缓慢升至 70 ~ 80℃，保温 2 h。然后静置沉淀 6 ~ 8 h。油与杂质的密度不同，杂质沉于沉淀器底部。水分基本蒸发掉。油从沉淀器的中下部放至储液器内，进行粗过滤。然后，经油泵送到过滤器进行精过滤去除剩余杂质。滤好的油，放到干净的油桶内待用。

沉淀过滤处理法只能去除油中的杂质、水分、污物，而不能保证润滑油的化学性能指标符合要求。因此，使用时间长且脏的油须经化学处理才能继续使用。一般情况下，常年运行的制冷压缩机应每年换油一次。再生过的油，经化验合格后方可使用。

第四节　制冷系统不凝性气体排放的安全操作技能

一、不凝性气体的安全排放

制冷系统中的不凝性气体主要是系统中由于抽真空不彻底，或是残存的、低压设备渗入的空气，此外，还有制冷剂、润滑油高温下分解出的少量不凝性气体。这些气体在冷凝器和高压储液器内不能液化，将降低冷凝器的传热效果，使冷凝压力及排气温度提高，压缩机制冷量减小，耗电量增加。从排气压力表指针剧烈摆动以及排气温度和冷凝压力高于正常值可判断出系统中存在不凝性气体。一般通过空气分离器来分离出系统中的不凝性气体。

空气分离器是一种气—气分离设备，一般安装在制冷系统的高压设备附近。图 7—8 所示为氨制冷系统中常用的四重套管式空气分离器。其作用是分离和清除制冷系统中的不凝性气体（空气），以保证制冷系统安全工作。

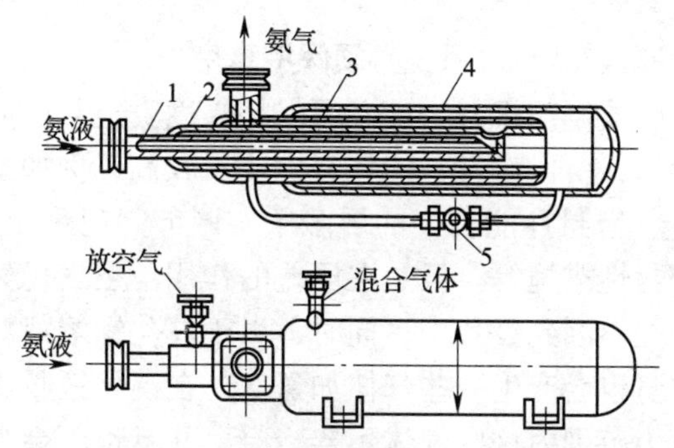

图 7—8　四重套管式空气分离器

1—内管　2—内管　3—内管　4—外管　5—节流阀

排放不凝性气体（空气）过程：先开启混合气体进入阀，使混合气体进入空气分离器的外管 4 和内管 2，开启节流阀 5，使从高压储液器来的氨液经节流降压后进入空气分离器的内管 1 和内管 3 中，低温低压氨液吸收管外混合气体的热量而汽化，经内管 3 上的出气管流向氨液分离器或低压循环储液器的回气管。受内管 1、内管 3 中低温氨液的冷却，混合气体中的氨蒸气凝结成液体，与不凝性气体（空气）分离。氨液积聚在管 4 的底部。当积液较多时，关闭管 1 上的供液节流阀，打开旁通管上的节流阀，旁通管继续供液并通入管 1 继续吸热。此时，不凝性气体（空气）由内管上的出气管排入盛水的容器中。通过观察水中气泡的大小、多少、颜色，可以判断不凝性气体（空气）是否全部放出。当水温明显上升，有强烈氨味且水呈乳白色，并发出轻微的爆裂声时，说明有氨液放出，应立即停止不凝性气体排放。放空气阀开启度要小，以防止氨气大量漏出。

氟系统排放不凝性气体，应先关闭储液器或冷凝器的出液阀，将系统的制冷剂全部排入储液器或冷凝器内。低压系统被抽成稳定真空后，压缩机停止运转，开启排出阀的多用通道，压缩机中的高压气体从中排出。用手挡住排气，如果排出的是空气，则手感觉像吹热风一样，如果手感到有些凉且有油迹时，说明不凝性气体（空气）放净，应立即关闭放空气阀。一般要间隔操作几次才能排净不凝性气体（空气）。

二、溴化锂冷水机组不凝性气体的排放

1. 溴化锂吸收式制冷系统必须保持真空

溴化锂吸收式制冷机是一种必须保持高度真空状态才能进行稳定工作的制冷设备，所以对设备的气密性要求较高，例如全部溶液泵均采用结构紧凑、密封性能良好的屏蔽泵，调节阀门采用真空隔膜阀，以及其他的密封性措施等。但是在压差的作用下空气仍然极易通过密封不良的连接处渗漏到设备中，同时，由于溴化锂溶液对金属材料的腐蚀，机器本身也会产生一些气体如氢气，在溴化锂吸收式制冷剂工作的温度、压力范围内这些气体不会冷凝，并且也不会被溴化锂水溶液吸收而带走，因此称其为“不凝性气体”。不凝性气体会停滞在传热管表面而形成热阻，增加了吸收过程的阻力，削弱了传质传热过程，对热交换产生很大影响，即使微量不凝性气体的存在也会造成制冷量的大幅衰减，严重时将会使制冷设备无法正常运转，甚至发生重大安全事故；另外不凝性气体中氧气的存在，是造成机组内部腐蚀的主要原因，所以要严格控制机内氧的含量。为此，应将机组内的空气以及其他不凝结性气体及时排出。

2. 溴化锂冷水机组不凝性气体的排放方法

溴化锂吸收式制冷机组带有自动抽气装置和机械真空泵两套排除不凝性气体的装置。自动抽气装置在机组工作时不断抽气，抽出的不凝性气体排至集气室。随着集气室中不凝性气体的增多，达到一定时间后，机械真空泵启动，将不凝性气体排出机组。自动抽气装置的形式有多种，但基本原理大致相同，如都是利用溶液泵排出的高压液流作为引射抽气的动力。这种装置的抽气量比较小，但在机器运转中能自行连续不断地抽气，操作方便。随着机器密封性能的提高及防腐措施的加强，机器内部不凝性气体大为减少，因而提供了使用这种抽气

装置的可能性。

除此之外，也可以在集气室压力高于当地大气压的条件下，打开排气隔膜阀进行排气。具体操作步骤如下：

（1）软管一端接在集气室排气阀接管上。

（2）在2 000 ml量杯中装入1 600 ml的水，软管另一端插入水中。

（3）关闭自动抽气装置通向吸收器的回液阀，打开集气室排气阀，有气泡冒出则说明在排气。

（4）当气泡停止排出，而有溶液排出时，将集气室排气阀关闭，打开自动抽气装置向吸收器的回液阀。

（5）拆下软管。

第五节　冷库的扫霜安全操作技能

冷库制冷系统中的蒸发器多采用顶排管、墙排管、搁架式排管等。无论用哪种形式，当制冷系统的蒸发温度低于0℃时，便会在蒸发器外表面形成霜层。由于霜层的热导率远比金属小，所以会影响蒸发器的传热效果。这将加大强制循环的蒸发器空气流动阻力，使冷间温度下降困难。另外，由于制冷剂在蒸发器内蒸发量减小，没有蒸发的液体制冷剂会造成压缩机的湿行程，对压缩机的运行带来不利影响。定期、及时除霜，可以保证冷库库房内所要求的温度和湿度，保证系统安全、经济地运行。

除霜的方法比较多，如适用于具有排管的小型氟系统的自然升温除霜，以及人工机械除霜（适用于光滑顶排管或墙排管）。以上两种方式除霜时间长，劳动强度大，对冷间温度影响大，而且除霜不彻底。常用的两种除霜方法是热氨除霜和水除霜。

一、热氨除霜系统及其操作

热氨除霜系统将压缩机排出的热氨气，经油分离器后引进蒸发器内，与蒸发器管壁外的霜层进行热量交换，使霜层融化成水滴下。同时，热氨气还可排除蒸发器内积存的润滑油和污物。除霜热氨气压力一般为0.6 MPa，热氨气量低于压缩机排气量的30%。

除霜操作一般选择冷库内没有物品或物品很少时进行除霜。对于光滑排管，融化下来的水和霜应立即清除，避免重新结冰。对于墙排管、顶排管，除霜前应在货物和地面上加盖油布、帆布等，防止地坪结冰、水与货物冻结。除霜时，常用单级压缩机排出高温氨气。这样除霜速度更快，对库温影响较小。若减少冷凝器的台数或减小冷却水量，以此虽能提高排气温度，但不可把所有冷凝器停止工作，以免发生事故。

二、水除霜

水除霜用于冷风机融霜。它利用一定水压的水流，直接冲刷冷风机管外霜层。这种方法适用于冷风机和速冻机等带有冲霜收水装置的设备。冷库排管、搁架管严禁用水冲霜。用水冲霜时，应关闭该设备的供液阀，而不能关闭回气阀。蒸发器内压力应低于0.6 MPa，当超过0.6 MPa时应采取措施降低压力以保证设备安全。用水冲霜后，应放净管中存水，以免水冻结，造成管路堵塞。管外表面水分，可用风机吹干。打开回气阀，待回气压力与蒸发内压力相等时，再开启供液阀恢复正常工作。

第六节　水质的检验与投药安全操作技能

一、水质的特性及影响

水有良好的传热性能和相变热性质，而且价格低廉、容易获得、使用方便，因此在溴化锂吸收式制冷机中用作冷却介质和与外界进行冷（热）交换的媒介质。但是，受工作环境的物理、化学、生物因素等的影响，水质很容易发生变化。水质变化将对系统的运行费用、运行效果和设备、管道的使用寿命产生很大影响。结垢会造成冷凝器热交换效率降低、管道阻力增大。一般情况下，冷凝温度每上升1℃，制冷机的制冷量将下降2%。管道内每附着0.15 mm的垢层，水泵耗电量将增加10%。目前，制冷系统大多使用循环水，所采用的循环水系统有开式和闭式两种。由于系统形式的不同，对水质的要求和处理内容也有一些差别。

溴化锂吸收式制冷机组，其冷却水系统通常采用有冷却塔的开式系统。冷却水在冷却塔中与大气不断接触进行热量和水分交换时，水中的二氧化碳散失，同时大气中的一些污染物也将溶解和混入水中，污染了冷却水。此外，循环水中大量的溶解氧，又为菌藻类的生长提供了良好条件。而循环冷却水在冷却塔中的水分蒸发和飘散，又使得水中溶解盐类的质量分数和水的浊度增大。由于存在这些问题，开式循环冷却水系统经常出现结垢、腐蚀、污物沉积及菌藻滋生等现象。

二、冷却水质标准

搞好冷却水的水质管理，对溴化锂冷水机组的安全、经济运行有重要意义，可减少排污量，最大限度地减少充水量，节约水资源和水费。为了防止系统结垢、腐蚀和菌藻繁殖，要定期投加化学药剂进行水处理。为掌握水质情况和水处理效果，应定期进行水质检验。为防止系统沉积过多的污物，应定期进行清洗。此外，还应及时补充因蒸发、飘散和泄漏的循环水。

开式系统循环冷却水的标准，应在综合考虑换热设备的结构形式、材质、工况条件、污垢热阻值、腐蚀率以及所采用的水处理配方等因素的基础上加以确定。为确保循环冷却水的水质符合要求，水质处理效果达到预期目标，要定期进行水质检测。空调制冷范围的水质检测，主要包括以下项目：

1. pH值

pH值之所以成为重要检测项目，有两个原因。一是补充水受外界影响，其pH值可能变化，而且循环冷却水由于二氧化碳在冷却塔的逸出，随着浓缩倍数升高，pH值不断升高；二是要使某些药剂配方发挥最大作用，要求循环水的pH值控制在一定范围内。

2. 硬度

循环冷却水中，要求有一定数量的Ca^{2+}。以磷配方为例，Ca^{2+}不得少于30 mg/L，以便形成磷酸钙的保护膜，起到缓蚀作用。只有对Ca^{2+}控制适当，才能达到缓蚀和阻垢的效果。循环冷却水中Ca^{2+}、Mg^{2+}如果有较大幅度下降，说明结垢严重；变化不大时，说明阻垢效果稳定。

3. 碱度

碱度是操作控制中的重要指标。当浓缩倍数控制稳定，没有外界干扰时，便可根据碱度的变化判断系统的结垢趋势。

4. 电导率

通过对电导率的测定可以确定水中的含盐量。含盐量对冷却系统的沉积和腐蚀现象有较大影响。水中含盐量是水中阴、阳离子的总和，离子浓度越高，电导率越大。水中离子组成比较稳定时，含盐量与电导率有一定的比例关系。

冷却水运行过程中不断蒸发，水中溶解盐浓度不断增加，当水中的难溶性盐$CaCO_3$等的浓度超过饱和浓度时，固体化合物析出，附着在换热器表面，形成水垢。

5. 悬浮物

循环冷却水中悬浮物的含量，是影响污垢热阻和腐蚀率的一项重要指标。当其发生异常变化时，应及时查明原因。悬浮物含量高是循环冷却水系统中发生沉积、结垢现象的主要原因。沉积物不仅影响换热器的传热效率，也会加剧金属的腐蚀。

6. 游离氯

循环冷却水中的菌藻微生物数量是需要控制的。循环水余氯量一般应为0.5～1.0 mg/L。如果通氯后仍测不出余氯，则说明系统中硫酸盐还原菌大量滋生。冷却水中的溶解氧含量不同，对金属的腐蚀程度也不同。封闭式冷却水系统碳钢的腐蚀速率<0.04 mm/年。对于开放式冷却系统，当空气湿度达到100%时其腐蚀速率为0.45 mm/年。氧浓度分布不均还会导致危害更大的局部腐蚀。

冷却水循环系统特别是开式冷却水循环系统，冷却水在不断循环使用过程中，由于水的温度升高，水流速度的变化，水的蒸发，水中

的 Ca^{2+}、Mg^{2+}、Cl^{-}、SO_4^{2-} 及溶解固形物、悬浮物含量不断增加。同时，冷却水受环境影响比较大，如尘埃（空气中的悬浮物）、细菌、空气中的氧气、二氧化硫、氮的氧化物、酸雨等都会造成冷却系统设备的腐蚀、结垢以及出现菌藻类的繁殖，严重时会产生黏泥并堵塞管道和设备。封闭式冷却水循环普遍存在的大多是腐蚀问题。

三、冷却水水质安全要求

冷却水水质的安全要求见表 7—2。在冷却系统运行中，应注意清除水垢和微生物，降低冷却水的硬度，控制水质，以确保冷却塔的正常运行。

表 7—2　　　　冷却水水质的安全要求

项目	单位	基准值	
		冷却水	补充水
酸碱度 pH（25℃）	—	6.5～8	6.5～8
电导率（25℃）	μS/cm	<800	<200
氯离子 Cl^{-}	mg/L	<200	<50
硫酸根 SO_4^{2-}	mg/L	<200	<50
酸消耗量（pH4.8）	mg/L	<100	<50
全硬度 $CaCO_3$	mg/L	<200	<50

四、冷却水质处理方法

1. 冷却水的处理方法

化学方法主要采用配好的化学药剂对空调冷水系统和冷却水系统实施处理。其中化学除垢是利用化学方法使溶解度小的盐变为溶解度大的盐，借以提高循环水的极限碳酸盐含量，增加循环水的稳定性。常用的化学除垢方法有酸化法、磷化法等。

从目前现有技术和具体实施情况看，用化学药剂方法处理冷却水，运行费用较低，符合绿色环保要求，符合国家技术监督局与国家建设部发布的国家标准。经过处理的冷却水在提高系统安全可靠性的基础上，保证了空调制冷系统、冷却水系统运行的经济性。

(1) 化学处理方法

开式循环冷却水系统的水处理，是根据水质标准，通过投放化学药剂来防止结垢、控制金属腐蚀、抑制微生物繁殖。目前所使用的化学药剂，根据其主要功能分为阻垢剂、缓蚀剂和杀生剂三种。

1) 垢的危害。黏附在冷却水管侧壁表面上的沉积物统称为“垢”。不论是难溶盐所产生的水垢，还是由泥沙、微生物和胶体性有机物等形成的污垢和黏泥，它们都附着在热交换器的管壁上。它们增大了冷却水与制冷剂或空气间热传导过程中的热阻，降低了热交换器的换热效率。它们缩小管道过水断面，降低通水能力，并且促进或直接引起金属腐蚀，缩短管道设备的正常使用寿命。

对于污垢和黏泥，可以采用定时冲洗并部分排水同时补充新鲜水的排污法解决；对于水垢，则可采用加酸法、加二氧化碳法或投加阻垢剂法来阻止其生成。目前，应用最广泛、效果最好的是投加阻垢剂法。常用阻垢剂性能及投放方法请参阅相关资料。

2) 腐蚀和缓蚀剂。影响金属腐蚀的因素分为金属材质和外部环境条件。外界因素包括水中溶解氧、二氧化碳、pH 值、水温、水的含盐量、水中沉积物、水流速度、水中离子含量、热负荷等。要控制循环冷却水对金属的腐蚀，需向循环水中加入缓蚀剂。

缓蚀剂按所形成防蚀膜的特性，有氧化膜型和沉淀膜型两种。氧化膜型缓蚀剂与金属表面接触进行氧化，而在金属表面形成一层薄膜，这种薄膜致密且与金属结合牢固，能阻碍水中溶解氧扩散到金属表面，从而抑制腐蚀的进行。使用铬酸盐所生成的防腐蚀膜效果最好，但其最大缺点是毒性大，如无有效回收及处理措施会产生公害。

沉淀膜型缓蚀剂与水中的金属离子作用，形成难溶盐，从水中析出后沉淀吸附在金属表面，从而抑制腐蚀的进行。金属离子型缓蚀剂不和水中的离子作用，而是和所要防止其腐蚀的那种金属的离子作用形成不溶性盐，沉积在金属表面上起到防腐蚀作用。金属离子型缓蚀剂所形成的沉淀膜比水中离子型缓蚀剂所形成的膜致密而薄。水中离子型缓蚀剂如投加量过多，则有可能产生水垢，金属离子型缓蚀剂无此弊端。

当循环冷却水系统中有铜或铜合金换热设备时，对其进行水处理要注意投加铜缓蚀剂或采用硫酸亚铁进行铜管成膜。

3）杀生剂及其性能。投加到水中以杀死微生物或抑制微生物生长或繁殖的化学药剂称杀生剂，又称灭菌灭藻剂。目前常用的杀生剂按其作用机理，可分为氧化性杀生剂和非氧化性杀生剂两大类。

氧化性杀生剂具有较强的杀生性能和较广泛的杀生作用，所以又称为广谱杀生剂。但是如果长期使用，会产生抗氯性微生物，使得微生物的繁殖难以控制。非氧化性杀生剂的毒杀性比氧化性杀生剂大，而且不受水的 pH 值影响。

化学处理方法属于成熟的水处理方式，在冷却水水质处理中比较多见，能杀菌、缓蚀、延缓结垢，但也存在运行费用高、操作麻烦等缺点。

（2）物理处理方法

物理方法一般采用离子交换、磁水器、电子水处理装置对制冷系统、空调中的水进行处理。水处理装置的作用是使制冷系统的冷媒水和冷却水均能保持一定的水质条件，以防设备腐蚀、结垢和产生微生物与藻类物质。以上方法在一定水质情况下有较好的阻垢作用，可以有针对性地对冷却水系统提供解决方案，阻止水垢，控制腐蚀，杀灭细菌和抑制藻类的生长，可替代目前的化学药剂处理，有的系统采用自动监控，计算机智能化运行，无须人工操作，运行和维护费用低廉。

水处理装置中以安装软化水设备为最好，但价格高、占地面积大。电子水处理装置是近年来应用较好的一种水处理装置。

采用物理水处理方法不会造成二次污染。但其最大的缺点是防垢能力有一定的时限，超过这个时限，如不继续对水进行处理仍然会发生结垢现象。采用此类装置必须遵循一定的使用方法，如不按规定使用，防垢作用将受影响。目前常用的物理水处理法有磁化法、高频水改法、静电水处理法和电子水处理法。

物理处理方法是一种新型的水处理方式，技术含量高，运行费用少，具有操作简单方便、定量定性明确的特点，但也存在初投资高、技术有待完善等问题。

五、冷冻水的处理

冷冻水作为中间媒介输送和传递冷量，也称冷媒水。冷冻水在制冷系统中的蒸发器内被冷却降温后，通过泵或管道输送出去，满足用户需求。冷媒水不仅可作为载冷剂，还可直接喷入空气中进行空气调湿和空气洗涤。使用后的冷冻水，在水泵动力作用下经管道返回蒸发器，如此循环构成冷冻水系统。冷冻水系统常采用压力回水系统，即通过水泵加压，克服管道及蒸发器等设备的高差和沿程阻力，保持水在系统内的循环使用。压力式回水系统分敞开式和封闭式两种，这两种回水系统相比，封闭式压力回水系统只有膨胀水箱与大气相通，所以系统的腐蚀比较小，系统由于不设回水箱、回水泵等设备因而结构简单，冷量损失较小，冷水泵消耗的功率较小。但它是在一定压力下运行，系统的运行受压力的影响较大，运行调整更加复杂。

冷冻水的水温低，循环流动系统通常为闭式系统，不与空气接触，因此冷冻水的水质管理和必要的水处理相对冷却水系统来说要简单。水在系统中作闭式循环流动，不受阳光照射，防垢和微生物控制不是主要问题。同时，由于没有水蒸发、风吹飘散等浓缩问题，水量基本上不消耗。因此，闭式系统循环冷冻水处理的目标主要是防止腐蚀。

闭式循环冷冻水系统的腐蚀，主要由三方面原因引起：一是厌氧微生物的生长造成的腐蚀；二是由膨胀水箱的补水，或管道、阀门接头、水泵填料漏气而带入的少量氧气造成的电化学腐蚀；三是由于系统由不同的金属材料组成，因此存在由不同金属材料导致的电偶腐蚀。

冷冻水的日常水处理，主要通过选用合适的缓蚀剂解决水对金属的腐蚀问题。由于冷冻水系统是闭式的，一次投药达到足够浓度可以维持作用的时间要比冷却系统长。如果没有使用电子除垢器，则根据水质监测情况，需要除垢时，选择合适阻垢剂投入到冷冻系统中，使其发挥阻垢的作用。

为保证冷冻水系统正常、安全运行，必须做到以下几点：

（1）在冷冻水系统中装设断水保护装置和温度控制装置，一旦断水或水流量不足，系统断水保护装置能够正常工作，切断压缩机电源，使系统停止运行。冷冻水出水温度应不低于2℃，一般为5～10℃。同时，断水保护装置、温度控制装置应有故障指示和报警功能。

（2）冷冻水进水管上应设水压表，进水口设温度计。冷冻水与冷却水出水温差应≥20℃。

（3）系统运行时，应按要求检查确认冷冻水路畅通，调节水阀、水泵正常工作。应检查水泵与电动机的轴承和机壳温度，轴承温度一般不应超过35℃，最高不可超过75℃。

（4）水泵的开、停应严格按照技术要求操作。开泵前应检查水泵配电设备、电源、螺栓连接、轴承润滑等处于正常状态，盘动水泵应运转灵活。开泵应注意电流不能超极限电流，启动电动机的同时，打开泵的排水阀。停泵应先关闭排水阀，切断电源。电动机停止运转后，关闭吸水阀。冬季停泵后，应放净积水。

（5）冷冻水系统中应装水过滤器并使其能够正常工作，避免对水泵和系统运行带来不利影响。

第七节　防护用品的检查、使用与保养技能

一、防护用品的使用方法

1. 氧气呼吸器的安全使用和保管

（1）使用前查看氧气压力表的指针摆动情况，保证瓶内有充足氧气。

（2）将头和右臂穿过悬挂的皮带，把皮带挂在右肩上，再用紧身皮带将呼吸器固定在左侧腰部。

（3）打开氧气瓶开关，将出口压力调至0.2～0.3 MPa。

（4）手按补给钮，使氧气囊内原来积存的气体排出。

（5）把覆面从头顶戴向下颚，并以保证气密，而又不太紧，呼吸不发闷为宜。眼镜要戴正。然后做几次深呼吸，检查呼吸器是否良好，在确认无误后方可进入险区工作。

（6）氧气呼吸器在使用后必须进行清洗、消毒。消毒的主要部位是气囊、覆面及软管。可采用2%～5%的石碳酸或酒精进行冲洗消毒。

（7）使用后应放在专用箱内保管，避免日光直接照射，以防橡胶

老化或氧气瓶爆炸。

（8）每半年检查一次氧气瓶内的存氧情况和吸收剂的性能，使氧气呼吸器时刻处于良好的备用状态。

2．焊接时防护用品的选用和检查

（1）在通风不良的容器内进行操作时，应采用蛇管式送风面罩，以防焊接烟气和烟尘吸入人体。

（2）焊接工作服应选用白帆布工作服。它具有隔热、反射、耐磨、透气性能好等优点。

（3）焊接手套最好采用绒面皮制手套。这种手套对高温金属飞溅物有反弹作用，本身又不易燃烧。

（4）焊接工作中要求穿结实、不透水、耐热、不易燃、耐磨和防滑的高筒防护绝缘鞋。

（5）在飞溅火星较严重时，还必须穿戴鞋盖，以防火花飞溅到鞋中烫伤脚部。

（6）焊接时应戴护目镜，以防飞溅的熔渣等异物伤眼。

二、安全用具防护用品的管理与保养

（1）防护用品、安全用具，可根据具体情况设兼职保管员，或由单位负责人负责。

（2）防毒面罩、防护用品以及其他防护治疗药品应存放在固定地点，禁止作其他用途。

（3）安全用具按照规程规定进行定期检验，对不合格的安全用具报废后，应补足新用具且置于原存放处。

（4）防护用品、安全用具使用后应送回原处存放。

（5）消防用具应存放在指定地点，由专人负责。如有过期失效或损坏，应报有关部门及时处理。

参 考 文 献

1. 潘宗羿．制冷技术．北京：机械工业出版社，1997

2. 戴永庆．溴化锂吸收式制冷空调技术手册．北京：机械工业出版社，1999

3. 张时善，刘金升，高祖锟．工业制冷与空调作业．北京：气象出版社，2002

4. 毛永年．制冷设备维修工技师培训教材．北京：机械工业出版社，2002

5. 魏长春．制冷维修工．北京：中国劳动社会保障出版社，2000

6. 魏长春，孔维军．制冷空调设备维修与操作．北京：中国劳动社会保障出版社，2005

7. 滕林庆．制冷空调工．北京：中国劳动社会保障出版社，2003

8. 何耀东．空调用溴化锂吸收式制冷机．北京：中国建筑工业出版社，1996

9. 傅小平，杨洪兴，安大伟．中央空调运行管理．北京：清华大学出版社，2005

10. 许启贤．职业道德．北京：蓝天出版社，2001